寿光 9-3 韭菜

河南 791 雪韭

汉中冬韭

杭州雪韭

寒青韭霸

豫韭菜 1 号

平科 2 号韭菜

铜山早薹韭

韭菜试验基地

韭菜网室（1）

韭菜网室（2）

韭菜网室（3）

韭菜网室（4）

韭菜网室（5）

韭菜网室内观

韭菜网室外观

撤掉防虫网
后的大拱棚

韭菜畦风障

韭菜风障加
挂反光膜

日光温室韭青生产

韭菜搭架，防止倒伏

韭菜扣棚前
灌一次冻水

韭菜浇水

非菜“回根”（1）

非菜“回根”（2）

非菜养根（1）

非菜养根（2）

非菜花生产

小拱棚草苫覆盖

韭菜无土栽培

小拱棚茅毡覆盖

夜间小拱棚覆盖
草苫后加盖一层
塑料膜保温

韭菜疫病

韭菜灰霉病

韭菜病毒病

韭菜枯叶

韭菜黄条

山东省农业良种工程项目资助

寿光菜农韭菜网室有机栽培技术

编著者

胡永军　潘子龙　魏家鹏

金盾出版社

内 容 提 要

本书由山东省寿光市农业局胡永军高级农艺师等编著，以问答的形式对“中国蔬菜之乡”——寿光市菜农近年来积极探索韭菜网室有机栽培的实践和经验作了全面具体的介绍。内容包括防虫网室的设计与建造、韭菜优良品种、韭根培育、韭菜的栽培管理和病虫害防治等，同时融入了近年来国内韭菜科研与生产的最新成果，是一本具有理论与实践指导作用的有机韭菜生产实用技术读物。适合广大农民、韭菜生产专业户、韭菜基地生产者和基层农业技术人员阅读，亦可供农业院校相关专业师生参考。

图书在版编目(CIP)数据

寿光菜农韭菜网室有机栽培技术/胡永军，潘子龙，魏家鹏编著. -- 北京 :金盾出版社，2011.7

ISBN 978-7-5082-7072-2

Ⅰ.①寿… Ⅱ.①胡…②潘…③魏… Ⅲ.①韭菜—蔬菜园艺—无污染技术 Ⅳ.①S633.3

中国版本图书馆 CIP 数据核字(2011)第 111574 号

金盾出版社出版、总发行

北京太平路 5 号(地铁万寿路站往南)

邮政编码:100036 电话:68214039 83219215

传真:68276683 网址:www.jdcbs.cn

封面印刷:北京金盾印刷厂

彩页正文印刷:北京印刷一厂

装订:兴浩装订厂

各地新华书店经销

开本:850×1168 1/32 印张:6.25 彩页:8 字数:140 千字

2011 年 7 月第 1 版第 1 次印刷

印数:1～10000 册 定价:13.00 元

(凡购买金盾出版社的图书，如有缺页、

倒页、脱页者，本社发行部负责调换)

前言

寿光是我国古代著名农书《齐民要术》诞生的地方，农业历来发达，蔬菜栽培尤为领先。《寿光县志中》记载："诸蔬中唯韭为绝品"，"寒腊冰雪，便已登盘，甘脆鲜碧，远压粱肉。"韭菜因此也就成为向朝廷进贡的上品，也历来是广大群众喜欢食用的佳蔬。

在我国北方，韭菜露地栽培形式与多种保护设施栽培形式相结合，可以做到均衡上市和周年供应。特别是深秋、元旦、春节及早春的韭菜，深受市场欢迎，经济效益好，是改善和调剂广大人民膳食的主要蔬菜品种，也是广大农民喜欢种植并赖以增加收入的主要蔬菜种类之一。

随着我国广大人民生活水平的提高，广大群众对蔬菜品质提出了更高的要求，无公害蔬菜生产和有机蔬菜生产成为人民大众关注的热点。应该看到，当前我国不少地区的农产品和农业生态环境面临着农药的污染问题，极大地影响着人民的身体健康和农业的可持续发展。广大消费者尤其对韭菜生产十分关注，有不少人谈"韭"色变，想吃韭菜但又不敢吃的人众多，其原因是有的蔬菜生产者为防治韭蛆大量滥用高毒、剧毒农药，不仅成本高、效果差、危害重，而且造成环境污染和产品农药残留严重超标。因此，大力推广优质、高产、抗病韭菜新品种，发展无公害和有机韭菜生产，为广大消费者提供安全的绿色韭菜，已成为韭菜生产的迫切要求和必须坚持的生产原则。

韭菜产品的不安全因素主要来自化学农药的污染，然而韭菜在生长过程中受到日益严重的病虫害侵染，如果在裸露田园上不使用农药，种植韭菜已成为不可能的事情。在此情况下，如何在韭菜生产过程中减少和不使用化学农药，是保证韭菜产品安全的重要途径和措施。最近几年，寿光菜农和科技人员在韭菜生产中探索出了利用网室栽培绿色韭菜的技术，即在拱形骨架上覆盖孔径适当的白色防虫网，将韭菜封闭在网棚中栽培，这样就形成一个个相对独立的生产设施，使网室内生长的韭菜与网室外的害虫在空间上进行了有效隔离，切断了网室外韭菜害虫进入网室内繁衍的路径，使网室栽培的韭菜无须喷用杀虫剂，从而实现了韭菜有机生产，保证了韭菜产品的安全和优质。

我们本着和广大菜农互相交流与切磋有机韭菜生产经验的目的，将寿光市菜农进行有机韭菜生产的体会和做法编成本书，抛砖引玉，互学共长，以期把有机韭菜的生产技术提高到新的水平。

在本书的编写过程中，我们参考了有关书籍和期刊，在此谨向有关专家和作者表示衷心感谢。

由于我们的编写水平所限，书中疏漏和不妥之处在所难免，敬请广大读者批评指正。

编 著 者

2011 年 5 月

目　录

一、韭菜概说 ………………………………………………… (1)
1. 韭菜有哪些营养和药用价值？ ……………………… (1)
2. 韭菜的起源地在哪里？主要在哪些地区种植？ ……… (2)
3. 韭菜按食用部位不同分为哪几类？ ………………… (3)
4. 韭菜按园艺学形态分为哪些品种？ ………………… (4)
5. 韭菜有哪些生物学特性？ …………………………… (4)
6. 韭菜生育周期分为哪几个时期？ …………………… (7)
7. 韭菜对环境条件有什么要求？ …………………… (10)
8. 韭菜分蘖对产量有什么影响？ …………………… (12)
9. 跳根对韭菜的产量和管理有什么影响？ ………… (14)
10. 如何处理韭菜地上部与地下部生长的关系？ ……… (15)
11. 韭菜的繁殖方法有哪几种？ ……………………… (16)
12. 韭菜的休眠方式有哪几种？ ……………………… (16)
13. 浅休眠韭菜品种有什么特点？ …………………… (18)
14. 深休眠韭菜品种有什么特点？ …………………… (18)
15. 如何防止扣棚后韭菜停止生长或生长缓慢？ ……… (19)
16. 如何促进和延缓韭菜抽薹？ ……………………… (19)
17. 怎样识别韭菜的陈种子和新种子？ ……………… (20)
18. 怎样识别大葱、洋葱和韭菜种子？ ……………… (20)
二、防虫网室的设计与建造 ……………………………… (21)
19. 什么是防虫网？ …………………………………… (21)
20. 什么是防虫网的目数？ …………………………… (21)
21. 什么是防虫网覆盖栽培？它与遮阳网覆盖
有何不同？ ……………………………………… (22)

22. 覆盖防虫网有哪些作用？…………………………………（22）
23. 如何选择防虫网？………………………………………（23）
24. 什么是防虫网室？………………………………………（23）
25. 网室如何覆盖防虫网？…………………………………（24）
26. 集中建造网室的地块需要具备哪些基础条件？………（24）
27. 如何建造竹木结构的多柱式拱棚型网室？……………（25）
28. 怎样建造悬梁吊柱式竹木拱棚型网室？………………（26）
29. 如何建造钢筋结构无立柱式拱棚型网室？……………（26）
30. 如何修建钢管结构拱棚型网室？………………………（27）
31. 如何修建立柱式竹木结构温室型网室？………………（28）
32. 如何修建无立柱钢筋骨架结构温室型网室？…………（30）
33. 应用防虫网生产韭菜应注意哪些问题？………………（31）
34. 不同季节如何实现防虫网室与冬春保护地
设施的转换？………………………………………（32）
三、韭菜优良品种……………………………………………（33）
35. 如何识别与使用寿光独根红韭菜？……………………（33）
36. 如何识别与使用寿光大青根韭菜？……………………（33）
37. 如何识别与使用寿光小根红韭菜？……………………（34）
38. 如何识别与使用寿光 9-1 韭菜？ ……………………（34）
39. 如何识别与使用寿光 9-3 韭菜？ ……………………（35）
40. 如何识别与使用河南 791 雪韭？ ……………………（35）
41. 如何识别与使用汉中冬韭？……………………………（35）
42. 如何识别与使用杭州雪韭？……………………………（36）
43. 如何识别与使用诸城大金沟韭菜？……………………（36）
44. 如何识别与使用寒青韭霸？……………………………（37）
45. 如何识别与使用寒绿王韭菜？…………………………（37）
46. 如何识别与使用平韭 4 号？……………………………（38）
47. 如何识别与使用冰冬韭菜？……………………………（38）

目　录

48. 如何识别与使用豫韭菜1号？…………………… (39)
49. 如何识别与使用迎雪韭菜？…………………… (39)
50. 如何识别与使用平科2号？…………………… (39)
51. 如何识别与使用敖冬韭菜？…………………… (40)
52. 如何识别与使用雪韭4号？…………………… (40)
53. 如何识别与使用平韭6号？…………………… (41)
54. 如何识别与使用黄韭1号韭菜？……………… (41)
55. 如何识别与使用天津大黄苗韭菜？…………… (41)
56. 如何识别与使用铜山早薹韭？………………… (42)
四、韭根培育 …………………………………… (43)
57. 怎样提高韭菜种子发芽率？…………………… (43)
58. 怎样才能使韭菜出苗齐出苗快？……………… (44)
59. 怎样进行韭菜育苗？…………………………… (45)
60. 怎样进行韭菜小拱棚育苗？…………………… (46)
61. 韭菜直播的方法有哪几种？…………………… (47)
62. 韭菜直播与育苗移栽在播种方法上有什么区别？…… (48)
63. 韭菜育苗移栽和直播有哪些优缺点？………… (49)
64. 韭菜播种方法主要有哪几种？………………… (49)
65. 韭菜育苗期如何施肥？………………………… (50)
66. 韭菜育苗移栽的适宜苗龄为多大？…………… (51)
五、韭菜的栽培管理 …………………………… (52)
67. 怎样建韭菜畦？………………………………… (52)
68. 怎样移栽韭菜？………………………………… (53)
69. 韭菜定植时为什么不要剪根剪叶？…………… (53)
70. 韭菜定植后怎样进行肥水管理？……………… (53)
71. 怎样在夏秋季管理韭菜？……………………… (54)
72. 在韭菜无公害生产中怎样进行施肥？………… (55)
73. 韭菜有哪些栽培方式？………………………… (56)

74.冬季生产韭菜都有哪些保护地设施？…………………（57）
75.冬季生产韭菜有哪些覆盖材料？……………………（57）
76.保护地如何选择塑料棚膜？…………………………（58）
77.什么是韭菜强控早盖技术？怎样进行？……………（60）
78.架设风障可用哪些材料？怎样架设风障？…………（61）
79.在韭菜畦风障上加挂反光膜有什么好处？…………（62）
80.如何确定保护地韭菜生产的扣棚日期？……………（62）
81.怎样做好扣棚前的准备？……………………………（63）
82.韭菜扣棚后怎样进行管理？…………………………（63）
83.韭菜高产栽培怎样剔根？……………………………（64）
84.韭菜怎样进行培土？…………………………………（64）
85.韭菜倒根有什么好处？如何倒根？…………………（65）
86.如何进行韭菜复壮？…………………………………（65）
87.韭菜怎样留种？………………………………………（66）
88.如何做到韭菜品质与产量同步提高？………………（67）
89.越冬韭菜度夏田间管理措施有哪些？………………（68）
90.怎样管理越冬小拱棚韭菜？…………………………（70）
91.如何做好韭菜秋季养根？……………………………（71）
92.什么是冬韭菜破除休眠技术？………………………（71）
93.韭菜秋后如何做到巧管理？…………………………（72）
94.韭菜根株培养利用的方式有哪几种？………………（72）
95.大拱棚韭菜为什么要等休眠后才能扣膜？…………（73）
96.大拱棚韭菜扣棚后怎样进行管理？…………………（73）
97.扣棚后的韭菜温度如何控制？………………………（74）
98.大拱棚韭菜怎样进行通风管理？……………………（74）
99.怎样收获韭菜？………………………………………（75）
100.收割韭菜应掌握什么原则？………………………（75）
101.韭菜的收割应注意哪些要点？……………………（76）

目　录

102. 保护地韭菜停割后怎样管理？ …………………… (77)
103. 撤棚后的韭菜夏秋季怎样养根？ ………………… (78)
104. 韭菜无公害种植的需肥特性怎样？ ……………… (79)
105. 在韭菜栽培中如何应用微肥和激素？ …………… (80)
106. 冬季韭菜浇水后应注意什么问题？ ……………… (81)
107. 为什么说冬季浇水不可多亦不可无？ …………… (82)
108. 韭菜秋延迟栽培有哪几种方式？ ………………… (83)
109. 如何选择秋延迟栽培韭菜品种？ ………………… (84)
110. 秋冬季节如何采用温室连续生产韭菜？ ………… (85)
111. 什么是温室扣冻根韭菜生产？ …………………… (86)
112. 日光温室雪韭栽培技术有哪些要点？ …………… (88)
113. 怎样进行日光温室冬春茬韭菜栽培？ …………… (89)
114. 日光温室韭菜施草木灰有什么好处？ …………… (91)
115. 日光温室韭菜怎样增施二氧化碳？ ……………… (92)
116. 日光温室韭菜为什么要提倡叶面追肥？主要有哪些适宜的叶面肥？ …………………………… (93)
117. 日光温室叶面追肥应注意哪些问题？ …………… (93)
118. 腐殖酸在日光温室韭菜的生产中有哪些作用？ …… (94)
119. 日光温室韭菜怎样正确使用微量元素？ ………… (96)
120. 冬季如何降低韭菜棚室内的湿度？ ……………… (97)
121. 冬春季如何增加日光温室内的光照？ …………… (98)
122. 冬春茬韭菜冬季日光温室内温度偏低怎么办？ …… (99)
123. 什么是春节上市韭菜最佳栽培法？ ……………… (100)
124. 如何利用冬贮法生产有机韭菜？ ………………… (101)
125. 什么是设施韭菜有机土栽培方法？ ……………… (102)
126. 日光温室怎样进行沙培韭菜？ …………………… (103)
127. 薹韭品种与一般韭菜品种有何区别？ …………… (104)
128. 怎样生产韭薹？ …………………………………… (104)

129. 如何使薹韭早抽薹、多抽薹？ …………………… (105)
130. 如何采收韭薹？ ………………………………… (106)
131. 怎样生产韭菜花？ ……………………………… (106)
132. 如何生产富铁韭菜？ …………………………… (107)
133. 怎样生产富锌韭菜？ …………………………… (108)
134. 如何生产富钼韭菜？ …………………………… (109)
135. 什么是韭黄培土割青技术？ …………………… (109)
136. 如何进行培土软化生产韭黄？ ………………… (110)
137. 怎样进行夏季韭黄生产？ ……………………… (111)
138. 什么是夏季韭菜盖草软化高产栽培技术？ ………… (111)
139. 怎样进行秋韭菜软化栽培？ …………………… (113)
140. 怎样培育黄芽韭菜？ …………………………… (113)
141. 韭黄冬季栽培的技术要点是什么？ …………… (114)
142. 无公害“干韭黄”种植技术包括哪些措施？ ………… (115)
143. 韭黄黑色塑料薄膜覆盖栽培技术包括哪些措施？… (117)
144. 如何进行地窖囤韭栽培韭黄？ ………………… (117)
145. 日光温室生产韭黄怎样促进养分积累和壮根？ …… (119)
146. 如何收割韭黄？ ………………………………… (120)
147. 什么是三色韭菜？ ……………………………… (120)
148. 如何培育三色韭菜？ …………………………… (120)
149. 什么是四色韭菜？ ……………………………… (122)
150. 如何培育四色韭菜？ …………………………… (123)
151. 什么是五色韭菜？ ……………………………… (124)
152. 如何培育五色韭菜？ …………………………… (125)
153. 大棚韭菜、黄瓜一年二作栽培有哪些优点？
怎样进行？ ……………………………………… (127)
154. 韭菜套种甘蓝栽培技术包括哪些关键措施？ ……… (128)

六、病虫害防治 …………………………………………… (131)
155.怎样用棉隆进行韭菜保护地的消毒? ……………… (131)
156.怎样识别韭菜疫病?如何防治? ………………………… (131)
157.韭菜灰霉病的症状是什么?如何防治? ……………… (132)
158.韭菜菌核病的症状是什么?如何防治? ……………… (134)
159.韭菜锈病的症状是什么?如何防治? ………………… (135)
160.如何识别韭菜茎枯病?怎样防治? …………………… (135)
161.韭菜黑斑病有什么症状?如何防治? ………………… (136)
162.韭菜炭疽病有什么症状?如何防治? ………………… (137)
163.韭菜紫斑病有什么症状?如何防治? ………………… (138)
164.韭菜斑枯病有什么症状?如何防治? ………………… (139)
165.韭菜枯萎病有什么症状?如何防治? ………………… (140)
166.如何识别和防治韭菜霜霉病? …………………………… (141)
167.如何识别和防治韭菜软腐病? …………………………… (142)
168.如何识别和防治韭菜白绢病? …………………………… (143)
169.如何识别和防治韭菜白粉病? …………………………… (144)
170.如何识别和防治韭菜病毒病? …………………………… (145)
171.韭菜枯叶原因及防治措施是什么? ……………………… (146)
172.防治韭菜虫害有哪些非化学防治方法? ……………… (147)
173.蓟马有哪些为害症状?如何防治? …………………… (148)
174.怎样用氰氨化钙防治韭菜地下病虫害? ……………… (149)
175.如何防治韭蛆? ……………………………………………… (150)
176.韭蛆免药防治技术有哪些? ……………………………… (151)
177.如何防治葱须鳞蛾? ……………………………………… (152)
178.如何防治葱地种蝇? ……………………………………… (153)
179.如何防治韭菜黑蚜? ……………………………………… (154)
180.如何防治葱斑潜蝇? ……………………………………… (155)
181.如何防治黄条跳甲? ……………………………………… (156)

182. 如何防治地老虎？…………………………………………（157）
183. 如何防治蝼蛄？…………………………………………（160）
184. 如何防治蛴螬？…………………………………………（162）
185. 韭菜田杂草有哪些种类？………………………………（166）
186. 韭菜出芽前如何除草？…………………………………（166）
187. 韭苗出土后如何除草？…………………………………（167）
188. 老韭菜田如何除草？……………………………………（168）
189. 如何识别和防治韭菜亚硝酸气中毒？…………………（168）
190. 如何识别和防治韭菜氨气中毒？………………………（169）
191. 韭菜黄叶的原因是什么？怎样防治？…………………（169）
192. 如何防止韭菜生理性干梢？……………………………（170）
193. 如何防止韭菜生理性死株？……………………………（171）
194. 如何防止韭菜黄撮和黄条？……………………………（171）
195. 如何识别和防治韭菜缺镁症？…………………………（172）
196. 如何识别和防治韭菜缺钙症？…………………………（173）
197. 如何识别和防治韭菜缺硼症？…………………………（173）
198. 如何识别和防治韭菜缺铁症？…………………………（174）
199. 如何识别和防治韭菜缺铜症？…………………………（175）
200. 韭菜越冬栽培为什么会出现生长不旺现象？
如何防止？…………………………………………（175）
参考文献……………………………………………………（176）

一、韭菜概说

1. 韭菜有哪些营养和药用价值?

韭菜属百合科植物,是原产于我国的古老蔬菜,并且已有3000多年的栽培历史,它是一种营养价值极高的蔬菜。韭菜不仅菜质柔嫩、味香辛,而且含有丰富的营养物质。每100克鲜韭菜中含胡萝卜素0.08~3.26毫克,维生素$B_2$0.08~0.1毫克,维生素C 10~62.8毫克,钙84毫克,磷43毫克,铁8.9毫克,膳食纤维1.2克,此外还含有较多的脂肪、蛋白质、辛香挥发物——硫化丙烯。

《本草纲目》中记载:"韭籽补肝及命门,治小便频数,遗尿"。韭菜不仅有丰富的营养价值,同时还有一定的药用效果,韭菜中的硫化物具有降血脂的作用,适用于辅助治疗心脑血管病和高血压。韭菜中还含有大量的膳食纤维,可增加肠胃蠕动,使胃肠道排空时间加快,减少食糜中的胆固醇和胆酸同细菌作用时间,减少致癌有毒物质在肠道里滞留及被吸收的机会,对痔疮、便秘、结肠癌等有明显疗效。中医认为,韭菜食味甘温,有补肾益阳、散血解毒、调和脏腑、暖胃、增进食欲和除湿理血等功效。以种子和叶等入药,具有健胃、提神、止汗固涩、补肾助阳、固精等功效。

韭菜味甘、辛,性温,无毒,其主要成分是挥发油及硫化物、蛋白质、脂肪、糖类、维生素B和维生素C等。中医认为韭菜是振奋性强壮药,有健胃、提神、温暖作用,用其根、叶捣汁有消炎止血、止痛之功,适用于肝肾阴虚、盗汗、遗尿、尿频、阳痿、遗精;梦遗、噎隔、反胃,下痢、腹痛;妇女月经病、痛经、经漏、带下以及跌打损伤、吐血、鼻出血等症。医药上常将其用于补阴虚、精关不固等。韭菜虽是佳蔬良药，但一次也不宜食之过多，以免上火。

2. 韭菜的起源地在哪里？主要在哪些地区种植？

韭菜为多年生宿根性草本植物，别名起阳草、草钟乳、懒人菜。韭菜原产地是中国，我国各地均有栽培。2000多年前的地理著作《山海经》曾多处记载河北、陕西山野多韭，至今华北、西北、东北等地山野中仍有野生韭菜分布。我国韭菜栽培历史悠久，1500多年前对韭菜“跳根”等生物学特性以及应采取的播种期、施肥、收获等栽培措施就有了细致的记录，而且对韭菜的栽培品种进行了繁育，还对韭菜的种株采取了不同于一般栽培的管理措施。汉代已有韭菜简易保护地栽培的记录，北宋时已有韭黄生产。至元代则有关于韭菜软化栽培和韭黄生产的细致文字记载。韭菜产品的多样性以及保护地栽培、软化栽培等各种生产方式的发展，促进了生产者不断寻求相应的适用品种，并开始对品种进行不同的选择，从而加快了我国的韭菜品种资源趋于更加丰富，更加多样化。

我国幅员辽阔，地形多种多样，气候类型复杂多样，因此我国的韭菜与其他蔬菜一样，在长期的自然和人工选择作用下，形成了极其丰富的种质资源。韭菜在我国的栽培区域广，分布地域比其他蔬菜都广泛，东起山东、江苏、浙江，西至甘肃、新疆、西藏，南自海南、广东、广西、台湾，北到黑龙江、内蒙古等地都有分布，韭菜是我国栽培地域最广的蔬菜之一，常年栽培面积占蔬菜总面积的5%左右。

在我国韭菜栽培生产中，各地根据不同的气候特点和食用习惯，选育出许多优良类型和品种，以普通韭菜的分布最为普遍，尤以山东、江苏、辽宁、河北、四川、安徽等省栽培较多。大叶韭菜（宽叶韭菜）主要分布于我国中南部地区，如福建、浙江、湖南、湖北、陕西、云南、四川、贵州等省。

随着中国人到世界各地生活，韭菜也随着中国人引种到世界各地。近年来，韭菜在欧洲、非洲和北美洲的种植面积增加较快。

3. 韭菜按食用部位不同分为哪几类？

韭菜在长期的生产实践中，根据各地的气候特点和食用习惯，选育出许多优良类型和品种，按其食用器官可分为根韭、叶韭、花韭和叶花兼用4个类型。

(1)**根韭** 主要分布在云南省的保山、腾冲、大理等地，当地称为苤菜，别名山韭菜、宽叶韭菜、鸡脚韭菜等。以食根为主，根系粗壮肉质化（根长15～20厘米，粗2～3毫米），可加工腌制或煮食；花薹肥嫩，可炒食。叶片生长繁茂，生殖器官不发达，很少形成种子，进行无性繁殖。分蘖力强，生长势强壮，容易栽培。典型的品种如云南苤菜、陕西宁强宽叶韭等。

(2)**叶韭** 叶片宽厚、柔嫩，抽薹率低，分蘖性弱，以食叶为主。

(3)**花韭** 叶片短小、质地粗硬，分蘖力强，抽薹率高，以采食花薹为主。

(4)**叶花兼用韭** 叶片和花薹发育良好，均可食用。目前栽培的大部分韭菜品种多属于此类型。按叶片宽窄可分为宽叶韭和窄叶韭。

①宽叶韭 叶片宽厚，叶鞘粗壮，色泽较浅，品质柔嫩，生长势旺盛，产量较高，香味稍淡，易倒伏，适于露地栽培和软化栽培。主要的优良品种有寿光独根红、寿光大青根、寿光9-1韭菜、寿光9-3韭菜、河南791雪韭、汉中冬韭、敖冬韭菜等。

②窄叶韭 叶片窄长，叶较细，叶色深绿，纤维较多。叶鞘细高，直立性强不易倒伏，香味浓，品质优，产量较宽叶韭略低。耐寒性较强，适于露地栽培和各种囤韭。主要优良品种有定边窄叶韭、日照线韭、天津大青苗、银川紫根韭、保定红根韭、平陆青韭、临泽毛韭、陇县线韭、绍兴雪韭、哈密钩韭、营城二歪子、银川白根韭、榆

林黑线韭等。

4. 韭菜按园艺学形态分为哪些品种?

按韭菜的园艺学形态韭菜可分为叶用韭品种、薹用韭品种、根用韭品种、叶薹兼用韭品种等 4 类。

(1)叶用韭品种 又可分为宽叶类型与窄叶类型。宽叶类型有优异性状尤为突出的品种,如叶片宽最大可达 1.5～1.8 厘米的阜丰 1 号、榆林大黄韭等,单株重可达 15 克左右的天津大青苗、榆林大黄韭、汉中冬韭、天津卷毛等,分蘖力很强的长治马蔺韭、平韭 4 号、河南 791 雪韭等,冬前“回根”进入休眠晚,早春“起身”返青早或几乎无休眠的河南 791 雪韭、嘉兴白根等。窄叶类型品种的叶宽和单株重普遍比宽叶类型小,但不乏辛辣味浓,质地柔嫩,品质上乘的优良品种,如吉林红根韭(小韭菜)、青海小蒲韭(细韭);也不乏分蘖力强、耐旱、抗寒、耐贫瘠、适应性强的优良品种,如宁夏银川紫根韭等。

(2)薹用韭菜品种 以生产韭薹为主要产品的韭菜品种有年花韭、年花 2 号等。

(3)根用韭菜品种 属于韭菜栽培种的大叶韭品种,一般都具有可供食用的较粗、较长的弦状根系,以及很宽的叶片和粗壮的花薹,除可刨收肥嫩的弦状根食用外,还可同时收获青韭及韭薹,如宁强宽叶韭(大叶韭)等。

(4)叶薹兼用韭品种 这种类型韭菜既可采食叶片,也具有较好的叶薹兼用类型韭菜,其中具有代表性的优良品种有寿光 9-3、四季薹韭等。

5. 韭菜有哪些生物学特性?

韭菜为多年生(一般旺盛生长期为 4～5 年)宿根性蔬菜,其地上部分不断进行分蘖,其地下部分不断进行换根,始终保持旺盛的吸收功能和同化功能，是一种一次种植、多年收获的高产稳产蔬菜。

(1)根 韭菜根系有以下3个特点：①弦线状须根，根毛少，分布浅，吸收能力弱。②根具有吸收和贮藏养分的作用。③韭菜根系具有分蘖和跳根现象。

韭菜的根为弦线状根，没有主根和侧根之分，着生于短缩茎的基部或边缘，每株韭菜有须根40条左右，构成须根系，须根质地柔嫩并肉质化。韭菜根系在土壤中分布较浅，一般垂直分布在地表50厘米以内，水平距离为30厘米以内。

韭菜根系的寿命较短，随着植株根状茎由下部逐渐衰老解体而死亡，随着新的分蘖着生在原有的茎盘上，新根着生在老根的上侧，使根的位置不断上移，谓之“跳根”，生产中需要进行培土盖肥防止根茎裸露。韭菜随着年龄增长，分蘖数和须根数量随之增多。但每个分蘖的平均根数保持在10～15条，在新根形成的同时，1年生以上的韭根陆续褐变、死亡，根的平均寿命为1.5年。

韭菜的根系是吸收器官，且具有贮藏营养的功能。韭菜根系与其他蔬菜相比，分布浅，根毛少，吸收水分和养分的能力较弱，只有土壤肥沃、肥水充足，才能保证韭菜植株健壮生长，获得高产。

(2)叶 韭菜的叶可分为叶身和叶鞘两部分，叶身扁平、狭长、带状，是韭菜的主要食用部分。叶片表面覆盖有蜡粉，其内是一层较厚的角质层，气孔陷入角质层内，具有耐旱的结构特征。叶片成簇生长，每株有5～9片叶，是韭菜的同化器官，也是韭菜主要的产品器官，叶片宽窄和叶色因品种而异。在不见光的黑暗条件下，叶片和叶鞘黄化，组织柔嫩，故可采取遮光、培土、铺粪等措施生产韭黄。韭菜叶的基部呈圆筒状，称为叶鞘。叶鞘在茎盘上分层排列，多层叶鞘层层抱合成圆柱形或扁圆柱形，称为“假茎”。叶鞘长度因品种而异，一般为5～20厘米。

韭菜叶部组织是否柔嫩，与温度、光照、水分和营养条件密切相关。高温、强光、干旱或氮肥缺乏，均导致粗纤维含量增加，品质降低。低温季节，韭菜地上部分枯萎，叶部养分回流贮藏于叶鞘基部和根系之中，促使叶鞘基部膨大呈葫芦状小鳞茎，各种囤韭栽培均是依赖贮存养分进行的。

韭菜叶的分生带在叶鞘基部，收割后可继续生长。叶原基的分化，从生长点的一侧进行原套的垂周分裂和亚外套的平周分裂开始；逐渐形成丘陵状突起，最初隆起的薄片状部分发育成叶身，基部分化成叶鞘。在同一片叶片中，顶端的组织较老，而基部的组织柔嫩。在同一叶鞘中，叶鞘基部细胞的分生能力较强，可继续延伸生长。根据这一特性，韭菜在一年内可多次收割。

韭菜在不同生长季节的生长速度有一定差异。试验调查表明：韭菜日平均生长速度以 5 月和 8 月为最快，日生长量约 2 厘米。在叶片生长发育过程中，叶身生长早于叶鞘；当叶身停止生长时，叶鞘还继续生长。韭菜叶片的分化速度因季节和品种不同而差异较大，一年当中以 4～5 月份新生叶分化最多，为第一个生叶高峰期，第二个生叶高峰期在 9～10 月份。不同韭菜品种每年分化叶数有显著差异。韭菜叶龄长短受温度的影响，在适温范围内，叶龄随着温度的升高而缩短，叶片的平均叶龄为 40 天左右。

韭菜叶片具有不断分化、生长和衰老的特性，致使韭菜单株有效叶数经常保持在 5～7 片。韭菜叶片的生命周期，决定韭菜收割的间隔日期。为保证韭菜产量和品质，应掌握在叶龄为 28～30 天、具有 4～5 片叶收割为宜。

(3)茎　茎由胚芽发育而成，在形态和结构上是联系根与叶的营养器官。韭菜的茎分营养茎和花茎（花薹）两种。营养茎的形态随着韭菜年龄的增长而发生变化，1～2 年生韭菜的营养茎呈扁锥体，故称“茎盘”。茎盘顶端中心部分着生顶芽，周围为叶鞘，茎盘下部生根。随着韭菜年龄的增长和逐年分蘖而形成杈状分枝的“根状茎”，并逐渐向地表延伸，年平均增长 1.4～1.57 厘米。韭菜根状茎逐年上移是引起韭菜"跳根"的主要原因。韭菜根状茎的生活年限为 2～3 年，随着株龄的增加，老龄根状茎逐渐解体、腐烂而丧失生理功能。

营养茎是韭菜植株重要的养分贮藏器官，同时也是新根、新叶和蘖生长的分生组织。

2 年生韭菜进入生殖生长阶段，植株的顶芽发育成花芽，抽生花薹，花薹的顶端着生伞形花序。以后只要满足低温和长日照条件，每年均可抽薹开花并形成种子。

(4)花 韭菜属于绿体春化类蔬菜，当植株长到一定大小并感受低温通过春化后，进入生殖生长阶段，开始花芽分化、抽薹开花。花薹（花茎）是韭菜的生殖器官，高为 50～70 厘米，顶端着生 1 个锥形花苞，苞内为伞形花序。一般抽薹 15 天左右苞被破裂露出小花，每一花序有小花 30～60 朵，最多可达到 180 朵。散苞后 5～7 天小花由外向内依次开放，每朵小花有花被 6 片，雄蕊 6 枚，中央为雌蕊柱头。韭菜花分为可育花和不育花两种，其形态和结构具有明显差异。韭菜为异花授粉植物，主要依靠昆虫传粉，人工授粉宜在柱头顶端膨大并出现黏液时于上午 9～11 时授粉，则结实率较高。

(5)种子和果实 韭菜的果实为蒴果，三棱形，内分 3 室，每室有两粒种子。果实成熟时种子易脱落，故应及时采收。种子盾形，腹面较平，背面凸出，种子银黑色，皱纹多而细密，蜡质层较厚而坚硬，不易透水，故发芽缓慢，千粒重 4～6 克。种子休眠期短，采种后稍加后熟，只要温度、湿度适宜就能萌芽。韭菜种子寿命 1～2 年，播种宜选用当年新种子。

6. 韭菜生育周期分为哪几个时期？

韭菜为多年生宿根性蔬菜，一个栽培周期短则 4～5 年，长则 10 余年。其生长发育过程表现一定的顺序性，首先是营养生长，抽薹开花后进入生殖生长。2 年以上的韭菜，营养生长和生殖生长交替进行，并表现一定的重叠性。

(1)营养生长 韭菜从种子萌动至花芽分化为营养生长期。这一阶段主要是营养器官——根茎叶的生长，按其生长顺序可划分为发芽期、幼苗期、营养生长盛期和越冬休眠期。

①发芽期 韭菜从种子萌动至第一片真叶出现为发芽期。由于种皮坚硬，发芽缓慢，历时 10～20 天。根据韭菜发芽期长和弓形出土的特点，育苗地应精细耕耙，浇足底水，适当浅播，覆盖细土，促进韭菜萌芽出土，才能达到全苗壮苗之目的。

②幼苗期 韭菜从第一片真叶出现至 5 片真叶、株高 15～20 厘米为幼苗期，历时 80～120 天。幼苗期以根系生长占优势，地上部生长较缓慢，由茎盘基部陆续生长须根，构成须根系。该时期的管理重点是除草，并结合灌水追肥 2～3 次，以促进幼苗茁壮成长。当幼苗长至 18～20 厘米时即可定植。

③营养生长盛期 韭菜从 5 片真叶至花芽分化为营养生长盛期。若是育苗移栽，经过短期缓苗，植株相继发生新根，长出新叶。由于营养面积扩大，气温逐渐适宜，为韭菜生长创造了良好的生活环境条件，叶片迅速生长，生长量增加，进入旺盛生长阶段。当植株长出 5～6 片叶，韭菜的腋芽萌动形成分蘖。分蘖前是以个体发育为主，植株增粗增高，叶片数增多，单株重明显增加。分蘖开始后则以群体发育为主，植株通过分蘖，群体数量增多。所以，加强此期的肥水管理是促进分蘖，加大群体，提高植株生长量，增加物质积累，增强植株越冬能力的关键措施。

④越冬休眠期 一般韭菜有明显的冬眠特性，特别是在我国北方地区，初冬季节，当月平均气温下降至 2℃以下时，韭菜叶片和叶鞘中的营养物质开始回流，贮存到叶鞘基部、根状茎和根系之中，叶片逐渐枯萎，植株进入休眠状态。韭菜休眠期的长短，不同品种有一定的差异，一般为 15～20 天。总的规律是南方品种休眠

期较短，北方品种休眠期较长。为使韭菜休眠，在回秧前 40 天左右停止收割，促进营养回流。其次是冬前浇足冻水，保持土壤墒情，确保韭菜根系在土壤保护下安全越冬。

(2)生殖生长期 韭菜在营养生长的基础上，随后又进入生殖生长阶段。生殖生长阶段又可分为抽薹期、开花期、种子成熟期 3 个阶段。

①**抽薹期** 从花芽分化至花薹长成，花序总苞破裂之前是抽薹期。抽薹开花要求低温和长日照，而且要求植株长到一定的大小才能感受低温抽薹开花。4 月下旬以后播种的韭菜当年很少开花。韭菜于 5 月份开始花芽分化。7 月下旬至 8 月上旬抽薹，8 月上旬至 8 月下旬开花，9 月下旬种子成熟。

②**开花期** 从总苞破裂至整个花序开花结束，单个花序一般为 7～10 天，整个田间花期可持续 15～20 天。由于花期不一致，种子成熟有先有后，需要分期采收。

③**种子成熟期** 从开花结束至全花序种子成熟为种子成熟期。种子成熟表明韭菜一个生育周期的结束。种子采收后韭菜植株又进入分蘖生长。从开花至种子成熟需要 30 天左右，种子采收期一般为 8 月下旬至 9 月下旬。

(3)多年生的特点 韭菜播种一次可连续收获多年。在我国南方可周年生产，四季常青。我国北方春、秋两季为韭菜生长收获旺季，夏季“伏休”，冬季地上部枯萎，以地下根茎越冬，翌年春返青生长。韭菜之所以能够生长多年，其内因主要是韭菜具有较强的更新复壮能力，地上部不断形成新的分蘖，地下部不断发生新根，使植株的营养器官处于幼龄、新生阶段，始终保持旺盛的生活力。影响韭菜生长年限长短的外因，主要是栽培条件和管理技术。在精细管理的栽培条件下，植株可多年不衰老，否则 4～5 年即呈现衰老现象。生产实践表明：栽植密度过大过小、每年收割茬次的多少、追肥、浇水及防治病虫害等技术措施，都直接影响到收获年限的长短。为了持续高产，应严格控制收割茬次，加强肥水管理，防病灭虫，提高植株的营养状况，使韭菜保持旺盛的更新复壮能力。

7. 韭菜对环境条件有什么要求?

(1)温度 韭菜属于耐寒性蔬菜，对温度适应范围较广泛，但不同的品种、不同生育期和不同部位对温度的反应有一定差异。

韭菜不同品种对低温的反应有明显的差异，雪韭在0℃左右可以缓慢生长，南方品种则地上部分枯萎。韭菜不同部位对低温的反应不同：种子贮藏需要5℃以下的低温，叶片只能耐受短期低温，当气温降至－2℃～2℃时，大部分品种的叶片逐渐枯萎，而地下根茎在土壤保护下可耐－40℃的低温。

韭菜耐寒而不耐高温，韭菜在5℃～23℃范围内净光合速率值相同，超过23℃以后，则急剧下降；30℃以上时，光合速率降低一半左右。说明韭菜在较低温度下有较强的光合能力，这是韭菜在低温季节栽培能够获得高产优质的基础。

韭菜不耐高温。韭菜叶片中粗纤维含量与气温呈正相关，当气温超过23℃时，光合速率降低，植株营养物质积累降低，纤维化程度增加，最终表现产量降低，品质变劣。尤其在高温、强光和干旱条件下，质地粗硬，丧失商品价值。韭菜在不同生育时期对温度要求有一定的差异。种子发芽的最低温度为2℃～3℃，其发芽的适宜温度为15℃～18℃，温度偏高或偏低都不利于种子发芽。幼苗生长适温在12℃以上，产品器官形成期的适温为12℃～23℃，抽薹开花期对温度要求偏高，一般为20℃～26℃。在适温范围内，韭菜的生长速度与温度呈正相关，随着温度升高生长速度加快。露地韭菜从返青到收割约需40天，从第一次收割至第二次收割只需25天左右。温室种植的韭菜，由于调控的温度较高，20天左右即可收割1次。

韭菜对温度的要求与其他环境因子密切相关。在干燥地区，韭菜耐低温能力较低；在湿润地区，韭菜耐受低温的能力相应提高。光照和空气相对湿度可改变韭菜对温度的要求。温室内种植的韭菜，由于室内光照度减弱，空气湿度较大，二氧化碳的浓度较高，虽然温室内的温度较高，达到28℃以上，但韭菜生长正常，并且品质不降低。

(2)水分 韭菜原产地的气候特点和植株的形态特征，决定了韭菜生育期间要求较低的空气湿度和较高的土壤湿度。韭菜适宜的空气相对湿度为60％～70％，适宜的土壤湿度为田间最大持水量的80％～90％。

韭菜种皮较厚，坚硬并覆盖有蜡质，水分不易渗入，发芽期要求较高的土壤墒情，以防止土壤板结。幼苗期由于春季气温较低，蒸发量小，应适当控制浇水、提高地温，以促进根系发育。韭菜以嫩叶为产品，水分是决定产量和品质的主要因素。所以，在韭菜旺盛生长期，尤其是收割期应保证充足的水分，水分不足不仅长势减弱而减产，叶肉纤维增多而丧失柔嫩的特点。夏季高温季节要减少浇水，注意排水防涝。田间积水不仅影响韭菜根系呼吸、抑制生长、引起植株生理失调、诱发病害，还会导致根系腐烂，造成植株死亡。

(3)光照 韭菜属于长日照植物。长日照不仅是韭菜通过光周期的先决条件，也是韭菜抽薹开花所必需的生活条件。韭菜生长发育期间要求中等强度的光照，具有较强的耐阴性；光照过强，植株生长受到抑制，叶肉组织粗硬，纤维素含量增加，品质降低；光照过弱，叶片的同化作用减弱，叶片瘦小，分蘖减少，产量降低。韭菜的光补偿点较低。

韭菜保护设施内的气候特点是光照度较外界减弱，保湿性较强，温度可人为调控，这些因素适于韭菜生产。若加强通风换气和二氧化碳施肥，不仅可以提高保护地内韭菜的产量，并可获得柔嫩的优质产品。

韭菜叶片生长对日照时间长短反应不敏感，在冬季短日情况下生长正常，而诱导花芽分化和抽薹开花则要求较长时间的日照。

(4)土壤营养 韭菜对土壤的适应性较强，无论黏土、壤土或沙土均可栽培。但由于韭菜根系较小，吸收能力弱，最好选择土层深厚、富含有机质、保水保肥能力强的肥沃壤土，沙性土壤应增施有机肥料进行土壤改良。

韭菜较耐盐碱，对盐碱土壤有一定的适应能力。在含盐量为0.2%的土壤中韭菜能生长正常。韭菜在不同生育时期对盐碱的反应有一定差别，幼苗期耐盐碱能力较弱，只能适应0.15%的含盐量。因此，育苗地应选择中性或轻度盐碱性土壤，防止发生死苗现象。韭菜成株却能在含盐量高达0.25%的土壤中生长良好。韭菜对贫瘠土壤也有一定的适应性，但要获得高产必须增施有机肥改良土壤，并及时追肥提高土壤肥力。

韭菜耐肥力强，其需要肥料量因植株年龄而不同。1年生韭菜，植株尚未充分发育，耗肥量较少；2～4年生韭菜分蘖力最强，是韭菜产量高峰期，应根据收割茬次和产量增加施肥量。5年生以上的韭菜，为防止早衰，促进更新复壮，加强肥水管理尤为重要。

韭菜不同生育期的需肥量有一定的差异。幼苗期生长量小，耗肥量少；但由于根系吸肥力弱，在施基肥的基础上应分期追肥，特别是速效肥料。营养生长期，尤其是春、秋收割季节应分期追肥。韭菜对肥料的要求以氮肥为主，配合适量的磷肥、钾肥。充足的氮肥可使叶片肥大柔嫩，假茎粗壮，叶色鲜绿；钾肥可促进细胞的分裂和膨大，加速糖分的合成与运转；磷肥可促进植株对氮肥的吸收，提高产量和品质。韭菜应注意有机肥的使用，以改良土壤结构，提高土壤透性，促进根系生长。

8. 韭菜分蘖对产量有什么影响?

韭菜具有分蘖的特性，它属于营养生长，是韭菜更新复壮的主要形式。其过程是，从靠近生长点的上位叶腋处分生腋芽，分蘖初期腋芽与原有植株被包裹在同一叶鞘中，随着腋芽生长变粗，胀破叶鞘而发育成独立的新植株。

韭菜分蘖能力的强弱和分蘖数目的多少，直接影响植株寿命和产量。分蘖力强的品种，一般栽培年限较长，进入产量高峰期所需时间较短，并容易获得高产。春播1年生韭菜，当植株长出5～6片叶时就可发生分蘖，以后逐年进行。每年分蘖1～3次，以春、秋两季为主，每次分蘖株数以2个的最多，但也有个别的1个或是多个。

韭菜分蘖能力的强弱与品种、植株年龄和植株营养状况有关。也受施肥水平、繁殖方式和环境条件的影响。不同品种的分蘖能力有较大差异。在韭菜生产中一般要选择分蘖力强的品种，这是保证营养器官更新复壮、获得高产、稳产的基础。

韭菜植株年龄对分蘖具有明显影响，定植后2～4年生韭菜生长旺盛，分蘖力最强，为产量高峰期。以后因老龄根茎解体和老根死亡，使每穴的分蘖数量不能无限度地增加，到一定年龄后，植株的新生与死亡达到动态平衡，既不断形成新的分蘖，又不断发生老株的衰亡。所以，人为延长这一动态平衡期限是韭菜持续高产的前提。

韭菜群体产量是由单位面积株数和单株平均重量所决定的。其中，单位面积株数取决于播种量和分蘖能力的强弱。因而分蘖能力强的品种应适当减少播种量或栽植密度。单株平均重量品种间差异较大，即使同一品种不同植株也有轻重之别，对韭菜产量起决定作用的是生长健壮的有效分蘖，而株丛内部生长细弱处于停滞状态的无效分蘖，对产量影响微弱。

韭菜生长期间经常出现植株衰亡现象，其主要原因是：抽薹开花使营养物质大量消耗于生殖生长，而新形成的分蘖处于饥饿状态。另外，逐年分蘖使株间相互拥挤，株丛内部通风透光不良，使内部植株处于郁闭状态而造成死亡。连续收割茬次过多,造成植株营养消耗过大,植株生长势弱,也易引起衰亡。

植株的营养状况是影响韭菜分蘖的主要原因。韭菜每年分蘖次数和每次分蘖株数主要取决于植株营养积累情况。而韭菜的播种时期、播种量、栽植密度、每年收割茬次和栽培管理技术水平直接影响植株的营养状况,从而影响分蘖力的强弱。如果播种过晚或播种量太大,当年分蘖数明显减少。假若栽植过密,每年收割次数过多或肥水供应不足都将降低植株的营养状况,使韭菜的分蘖次数及每次分蘖株数相应减少。

在韭菜生产中,为促进分蘖应适期早播,合理掌握播种期和栽植密度,播种当年不收割或少收割,2 年生以上韭菜要严格控制收割次数,加强肥水管理和病虫害防治,使韭菜保持旺盛的更新复壮能力,才能延长收获年限,持续稳产高产。

9. 跳根对韭菜的产量和管理有什么影响?

韭菜跳根是由于不断分蘖所致。因为分蘖是在靠近生长点的叶腋处发生,新形成的分蘖必然位于原来植株茎盘的上部。当腋芽发育成新的植株时,便从新植株茎盘的边缘长出新的须根,因而新的须根必然出现在原有根系的上方,随着分蘖有层次地上移,生根位置不断上升,使新根系逐渐接近地表,这一现象称之为“跳根”。韭菜每分蘖一次,就必然产生一批新根,其须根数目与分蘖保持一定的比例关系。1～4 年生韭菜随着植株年龄的增长,分蘖数和须根数均在增加,但每个分蘖的平均根数为 10～15 条,在出现新根的同时,从第三年开始老根陆续死亡,这种新老根系的更替称之为“换根”。韭菜分蘖与根系的关系是随着年龄的增加,每个分蘖的平均根数量逐年下降。

韭菜根系的更新复壮随着植株不断分蘖而进行,韭菜分蘖力强弱是影响跳根快慢的主要因素。分蘖力强的品种,根系上移较快。跳根高度与定植深浅和施肥方式有一定关系。栽得深者一次跳根高度大，定植浅者跳根高度小；浅层施肥容易使根系上浮，加快韭菜跳根。因此，要求韭菜定植前多施基肥和适当深施追肥，对减慢韭菜跳根具有一定的作用。

韭菜每年跳根的高度取决于每年分蘖次数和收割次数，每年收割 4～5 次，其跳根高度为 1.5～2.2 厘米，此数据可作为确定每年培土厚度的依据。由于韭菜根系逐年上移，容易使根状茎和根系裸露，加快根系衰亡，新根减少，吸肥吸水能力减弱，致使韭菜长势变弱，植株寿命缩短，出现散撮和倒伏现象，产量和品质降低。

韭菜每年跳根对管理有很大影响，要求在韭菜生长过程中连年施用优质精肥如煮熟的大豆、豆饼作追肥，以免施用大量的圈肥而抬高韭菜畦高度；4～5 年后进行移栽，以便于管理。

10. 如何处理韭菜地上部与地下部生长的关系？

韭菜地上部与地下部生长比较协调，茎叶生长与根系延伸具有一定的相关性。在形态和生理方面的表现是：地上部不断进行分蘖，老植株不断解体被新的分蘖所取代；地下部分不断发生新根，老根逐渐死亡而被新根所替换，使韭菜的吸收器官和同化器官始终保持旺盛的生活力，这是韭菜长寿、高产的主要原因。

每一个韭菜株丛的分蘖数与总根量均保持一定的比例关系，分蘖数与总根量均不能无止境地增长。凡叶片肥大、假茎粗壮的植株，也势必促进根系发育，表现出鳞茎肥大，根系粗壮，积累营养物质较多，并可促进分蘖，提高下茬产量。凡是根系发达、根量较多的植株，茎叶生长必然繁茂，两者互相促进，相互依存。

韭菜生产中，养根与收割的关系既是矛盾的，又是统一的。养根是栽培的手段，其目的是通过控制收割茬次，提高韭菜的生长势，增加物质积累，为持续高产稳产、延长植株寿命打下基础。收割是栽培的目的，其结果促进营养消耗，削弱植株长势，尤其是收割次数过多，留茬过低，必将使产量逐年降低，引起植株过早衰老。因此，应根据植株生长势的强弱合理确定每年收割次数，正确处理养根与收割的关系。

11. 韭菜的繁殖方法有哪几种?

韭菜的繁殖方法可分为有性繁殖和无性繁殖两种，以有性繁殖应用最普遍，无性繁殖应用较少。

(1)有性繁殖 即用种子繁殖，其特点是植株生长旺盛，分蘖力和生活力强，栽培年限长，容易获得高产。种子繁殖方法，可分为育苗移栽和直播两种形式。直播可节省劳动力，但种子用量多，占地面积大，占地时间较长，苗期管理不便，易发生草荒，在土壤黏重或地下害虫为害较重的地方，容易出现缺苗断垄现象。育苗移栽适于管理水平较高的地区。育苗移栽一方面可保证韭菜苗的质量，另一方面定植后易管理，易于达到高产，其缺点是移栽劳动时间增加。有性繁殖可迅速获得生产需要的韭菜苗，但易出现变异，不能保持亲本性状的优良特性。韭菜生产为了取得高产优质，多采用有性繁殖方法，很少利用分蘖繁殖。

(2)无性繁殖 又称为分蘖繁殖，可节省种子和育苗时间，充分利用优良品种的母株进行繁殖，缺点是繁殖系数低，植株分蘖较低，生活力弱。但有利于保持亲本性状的优良特性，且比用种子繁殖的植株生长快，收获期可以提早。在零星粗放栽培时，可用分蘖繁殖。

12. 韭菜的休眠方式有哪几种?

在我国北方广大地区，进入冬季后，随着温度下降，韭菜一般进入休眠状态，越冬休眠的器官因品种不同而不同。根据韭菜植株的抗寒能力以及早春返青的早晚可分为 3 种类型。

(1)**根茎休眠(深休眠)** 我国北方进入冬季后,韭菜叶片和假茎中的养分逐渐回流到地下鳞茎和根茎中贮存起来,当外界气温下降至-7℃~5℃时,地上部逐渐枯萎,植株进入休眠状态。至翌年春天,气温回升土壤化冻,解除休眠,重新萌发生长,即所谓的“起身”返青。北方地区韭菜品种大部分具有这一特性。如寿光独根红韭菜、诸城大金沟韭菜、津南青韭、寿光9-1韭菜、寿光9-3韭菜、寿光大青根韭菜等。对于这类韭菜,在休眠前或休眠过程中给予适宜的温度、湿度,才能正常生长。这种韭菜如果没有度过休眠期而早扣棚或提温,虽然可出现暂时生长,但不久仍进入休眠。故根茎休眠类韭菜只能在进入深休眠以后,待打破休眠后才可以恢复正常生长。

(2)**假茎休眠(浅休眠)** 在韭菜植株生长期间,当日均气温降至7℃~10℃时,生长趋于停滞状态,并有少量叶片干枯,但整株还表现青绿,收割后经过整理仍有商品价值,如河南791韭菜、平韭4号、赛松韭菜、杭州雪韭等。凡属假茎休眠的韭菜一般都可在晚秋生产,即在秋末韭菜停止生长前,将地上部分收割,而后转入扣棚生产。由于扣棚早,韭菜可在晚秋至初冬开始上市。又由于腾茬早,可为下茬早定植、早上市打下基础。但这类韭菜最好是在没有进入休眠前,或地上部干枯的休眠后才能扣棚生产。这类韭菜品种,在北方进行大拱棚、日光温室等保护地栽培,可填补深秋初冬的市场空白。

(3)**整株休眠(浅休眠)** 在休眠时,养分继续保留在体内各个部分,叶片不发生干枯,只是在低温时生长暂时有所停滞或减缓。在一定低温(日平均气温为10℃左右)下经历一定时间后,温度适宜即可旺盛生长,具有这一特性的多为南方品种,如广州的大叶韭、细叶韭等。若选用不休眠类型的韭菜品种,可以随时进行覆盖生产,只要温度适宜即可萌发生长。

13. 浅休眠韭菜品种有什么特点?

浅休眠韭菜品种系指起源于长江以南的韭菜品种，在当地露地进入冬季后，其地下部根茎在－40℃～－30℃的低温下不能安全越冬的品种。这类韭菜休眠要求温度高，休眠时间短，休眠时养分基本不向地下部运输。根据浅休眠韭菜休眠时养分贮藏的器官的不同，可分为两类：一类是将养分运转到假茎里，如河南 791 雪韭、广东细叶韭、嘉兴白银等。这类韭菜在休眠时，只有少数叶片出现干尖情况。另一类是休眠时养分不发生转移，而且存留在各自原来的器官里，如犀浦韭菜。这一类韭菜在休眠时，植株地上部基本保持鲜绿色。

凡属浅休眠的韭菜一般都可连秋生产，即在秋末韭菜停止生长前(日平均气温 10℃～12℃)，将地上部分收割，而后转入扣棚生产。这类韭菜的扣膜时间一般是在当地严霜到来之前，在寿光市为 10 月下旬至 11 月初。如果不能早扣，就必须像回青韭菜那样等地上部分全部干枯后再扣。如果赶在这两个扣棚适期之间扣棚，效果一般不好。

14. 深休眠韭菜品种有什么特点?

深休眠韭菜品种系指起源于长江以北地区的韭菜，其代表品种有寿光独根红、寿光 9-1 韭菜、北京宽叶弯韭、山海关铁丝苗和平韭 2 号等。其休眠特点是休眠时一般要求有较低的温度，其地下根茎大多在－40℃～－30℃的低温下以根茎休眠方式安全越冬。当温度降至－5℃～－7℃时，地上茎叶干枯，进入休眠状态，以后只有打破休眠才能恢复生长，又称回青休眠。其休眠期长达 20 天左右。生长特点是休眠前或休眠过程中，给予适宜的温度、湿度，也不能正常生长。这类韭菜如果没有度过休眠期而早扣膜提温，虽然可出现生长，但不久仍进入休眠，新长出的茎叶要烂掉。

因此，这种韭菜只能在进入深休眠之后，打破休眠才能恢复正常生长，这样其扣棚生产的时间就明显偏晚。

15. 如何防止扣棚后韭菜停止生长或生长缓慢?

有根茎休眠习性的韭菜(如寿光 9-1)，如果进入冬季地上茎叶没有干枯或没有完全干枯，即表示其没有度过休眠期就扣棚升温生产时，韭菜往往也能萌发，但长到 10 厘米时就停止生长，随之叶尖下垂，进而发生腐烂。发生这种情况时，唯一办法是揭开棚膜，使其继续感受低温，完成休眠，再扣棚生产。

有假茎和整株休眠习性的韭菜(如河南 791 雪韭)，在适时扣棚生长一段时间后，有时变得生长缓慢起来，这种情况多发生在保温性能差的保护设施，或者遭遇低温连阴天，设施温度低使韭菜被迫进入休眠的结果。处理方法：一是夜间不盖棉毡或草苫，创造低温(温度在 7℃～10℃时)条件使其度过休眠期(10 天左右)，然后再升温使其继续生长。二是给植株喷洒或灌溉 30 毫克/千克赤霉素溶液，随后浇水。

16. 如何促进和延缓韭菜抽薹?

韭菜属于绿体春化类型的蔬菜，只有植株长到一定大小，而且积累一定量的营养物质后，才能感受到低温影响通过春化。萌动的种子或过小的植株，即使满足低温条件也不能通过春化。韭菜抽薹开花要求低温和长日照条件，延长光照时间可促进抽薹。

韭菜抽薹开花除必须满足低温、长日照条件外，还与植株的营养状况有关。生长健壮的植株抽薹率高，且花薹粗壮。生长弱小的植株抽薹率低，甚至不能形成花薹。

韭菜以食嫩叶为主，在生产上应防止先期抽薹。因为抽薹开花结籽需要消耗大量营养物质，不仅影响当年生长和养分积累，而且更影响翌年鲜韭产量和品质。所以，除留种地块外，应及时采收鲜嫩的花薹上市，以减少养分消耗，有利于养根和翌年韭菜春季生产。

17. 怎样识别韭菜的陈种子和新种子？

韭菜种子的寿命较短，一般只有1年时间。如果在-5℃的恒温条件下贮存可使用2年时间。如果保存不好可使发芽率显著下降，但有时韭菜种子价格高时，有些不法商人把陈种当新种出售，不仅增加成本，还减少了发芽率。因此，要注意识别陈旧种子。识别新、陈种子的方法是：①观察种子的色泽，新种子颜色漆黑而有光泽，陈种子颜色乌黑而无光泽。②用手感识别。将手插入种子堆中或装有种子的袋子里，新种子松散、阻力小；陈种子干涩、阻力大。③观察种脐的颜色。新种子脐部颜色为乳白色而且发亮，陈种子脐部颜色为黄褐色而且发暗。④用浸泡方法识别。陈种子浸泡2～3天后，会散发出刺鼻的葱蒜辣味，并产生大量气泡，而新种子则没有这种现象或很轻微。⑤进行发芽试验。6天看芽势，9天看发芽率，发芽率不足65%的为陈种子；相反的则为新种子。

18. 怎样识别大葱、洋葱和韭菜种子？

大葱、洋葱、韭菜这三种蔬菜的种子表皮颜色都是黑色的，形状也相似，若不仔细看很难辨别，但仔细观察，三者之间仍有差异：一则，大葱种子呈盾状，有棱角，稍扁平，表皮皱纹少而整齐，脐部凹洼浅；洋葱种子呈盾状，表皮皱纹稍多而不规则，脐部凹洼很深；韭菜种子呈盾状，表皮皱纹多而细密，脐部无明显的凹洼。二则，一般大葱种子的千粒重为2.8～2.9克，洋葱种子的千粒重为4.6克左右，韭菜种子的千粒重为4～4.15克；用手掂起来的感觉，大葱种子较轻，洋葱种子较重。三则，这三种蔬菜种子的种皮透水性差，吸水膨胀缓慢，播种前要进行浸泡，且这三种蔬菜种子的寿命较短，种植播种时不要用陈种子。

二、防虫网室的设计与建造

19. 什么是防虫网?

防虫网是以高密度聚乙烯为主要原料并添加抗紫外线、防老化等助剂,经挤出拉丝编织而成的 18～50 目(每英寸长度的孔数)等规格的网纱。网纱具有耐拉强度大,抗热性、耐水性、耐腐蚀、耐老化,抗紫外线、无毒、无味,废弃物易处理等特点。

防虫网使用时间一般在 3～11 月份,此时期是害虫多发期,也是一年中太阳光照最强的时期,太阳光中的紫外线对聚乙烯有损害作用,在防虫网的主原料中必须添加抗紫外线的化学助剂,以提高防虫网的品质。防虫网要求能使用 5 年以上时间,才能提高菜农的投资效益。

蔬菜防虫网是以防虫网构建的人工隔离屏障,将害虫阻挡在网外,造成视觉错乱,改变害虫行为,从而达到防虫保菜的效果,是有别于化学防治的物理防治技术。

20. 什么是防虫网的目数?

防虫网的目数即密度规格。防虫网的目数一般为 18～50 目,主要使用的范围是 20～32 目。目数即指在一英寸见方内有经纱和纬纱的根数,如在一英寸见方(25.4 毫米,宽 25.4 毫米)内有经纱 20 根、纬纱 20 根,即为 20 目。了解了防虫网的目数,就能合理选择使用防虫网。

21. 什么是防虫网覆盖栽培？它与遮阳网覆盖有何不同？

防虫网覆盖主要用于夏、秋季设施园艺，其主要功能是：用以阻隔各种害虫成虫潜入温室产卵繁殖，切断幼虫危害和传毒的途径，同时还具有一定的抗突发性自然灾害的能力。防虫网覆盖是实现蔬菜无(少)农药污染的环保型农业新技术、新成果。遮阳网覆盖主要用于夏季设施园艺，其主要功能是以遮阳降温、防暴雨台风为主，但也有一定的防虫效果。因此，二者都是我国南方地区在夏秋高温多雨季节设施蔬菜栽培中实现高产、优质、无污染和高效益生产的有效途径，所不同的是防虫网覆盖与遮阳网覆盖栽培存在防虫功能的差异，防虫网覆盖栽培可以更有效地在保护生物多样化的同时，达到自然控制蔬菜害虫为害的目的。

22. 覆盖防虫网有哪些作用？

(1)**有效地防止害虫为害** 由于防虫网的防虫物理阻隔作用，使外界的韭蛆成虫、蚜虫、斑潜蝇、菜青虫、小菜蛾、白粉虱等害虫不能进入防虫网保护区为害，达到物理防虫的目的。

(2)**缓解暴雨对作物的冲击，减轻风速** 使用防虫网可减少作物机械损伤，降低作物病害的发生；防虫网的纵横网线能使进入网内的雨点变成更加细小的雨滴，使雨滴对作物的打击力大大削弱。在25目防虫网的覆盖下，大风速度比露地降低15%～20%；在30目防虫网的覆盖下，大风速度可降低20%～25%。

(3)**调节棚内气温和地温** 覆盖防虫网后，中午棚内气温比露地降低3℃～5℃，地温降低2℃～4℃，在夏秋高温季节创造适宜作物生长的温度条件，有利于蔬菜生长。

(4)**降低作物生长期内农药的施用量** 降低蔬菜生产成本。由于有效地降低韭菜生产区内的害虫数量，从而大大降低了防治害虫的成本，也相应地降低了防治由这些害虫所传播病害的防治成本，同时减少了农药对韭菜的污染。

23. 如何选择防虫网?

(1)防虫网的目数选择 根据蔬菜地的情况和不同作物、季节的需要来选择防虫网的幅宽、孔径、丝径等，防虫网的目数一般为18～50目，主要使用的范围是24～30目，幅宽为1.2～3.6米。

(2)防虫网颜色选择 目前生产上应用的防虫网有绿色、白色、黑色、银灰色、绿色等。绿色网覆盖内部的小气候效应优于拱棚白色防虫网覆盖方式，最高温差达3℃。绿色网覆盖不易出现烂菜现象。如需加强防虫网的遮光效果，可选用黑色防虫网。银灰色防虫网的避蚜效果更好。

用防虫网与塑料薄膜配套使用，不仅具有良好的防虫效果，而且还增加了抵御自然灾害的能力。

24. 什么是防虫网室?

网室就是在韭菜生长和生产过程中，在拱形骨架上覆盖孔径适当的白色防虫网，将韭菜封闭在网棚中栽培，形成一个个相对独立的生产设施，将网室内生长的韭菜与网室外的害虫在空间上进行有效隔离，切断了网室外韭菜害虫成虫进入网室内繁衍的路径，有效地杜绝了外部害虫成虫进入网室。

目前，常用的防虫网室有两种：一是拱棚型网室，由蔬菜生产中常用大拱棚转变而来；另一种是温室型网室，由普通日光温室转变而来。拱棚型网室又分竹木结构的多立柱拱棚型网室、悬梁吊柱式竹木拱棚型网室、钢筋结构无立柱拱棚型网室和钢管结构拱棚型网室。温室型网室分为立柱式竹木结构温室型网室和无立柱钢筋骨架结构温室型网室。

25. 网室如何覆盖防虫网?

网室防虫网的覆盖形式有全棚覆盖和部分覆盖两种方式。全棚覆盖是指在大拱棚、温室的薄膜拆除后,将防虫网全部覆盖在棚骨架材料上的方式,与遮阳网覆盖时留有通风口不同,采用防虫网进行全棚覆盖时必须使设施的表面全部覆盖,否则达不到防虫的效果。部分覆盖是将防虫网与塑料薄膜配套使用,防虫网设置在大拱棚、温室的通风口和进、出门上,这样可兼顾防虫和防雨。

韭菜植株定植后,及时在网棚骨架上覆盖 30～50 目优质聚乙烯防虫网,阻止室外害虫迁入。防虫网覆盖时,宜轻拿轻放,防止强力拉扯,避免防虫网变形而造成断线、乱丝、孔眼加大现象发生。网棚四周,用湿土压严、压实,破损处用型号相同的防虫网补严、补牢。12 月上旬至翌年 2 月中旬揭去防虫网。

网棚的进出门设在临近走道一侧,在防虫网上垂直开出一道高 1.6 米左右的缝隙(最好在两幅防虫网的连接处),用棉线缝上拉锁。进入或离开网棚时拉开拉锁,并随手拉上拉锁,严防害虫进入。

26. 集中建造网室的地块需要具备哪些基础条件?

应选择交通便利、水源充足、地块平整的田块建造大中型防虫网室。防虫网主要用于春末和夏、秋韭菜的生长季节,该季节是韭菜的生长期,需水量大,气温高,容易干旱;同时,韭菜不便运输,货架期短,故应该选择水源充足并且交通方便的田块建立防虫网室。防虫网主要用于无公害栽培,所以选址应注意环境无污染、空气质量、水源、土壤皆符合无公害农产品生产要求的地方。春末和夏秋气温较高,空气不流通,易造成室内温度升高、烂菜或韭菜徒长,影响韭菜产量和品质,因此选址要注意保证周围有足够的空间。因为韭菜生长周期短，换茬快，需要网室面积大，以便于大型机械化耕作。建造防虫网室，不仅面积要大，而且要有足够的高度，一般应在 2.5 米以上，以利于空气流通和生产操作。

27. 如何建造竹木结构的多柱式拱棚型网室？

竹木结构多柱式网室的骨架以竹竿和水泥预制柱为主，是由立柱、拉杆、拱杆、压杆等组成（图 1）。该网室的优点是建筑简单，拱杆有多柱支撑，比较牢固，建筑成本低，缺点是立柱多造成遮光严重，且作业不方便。

（1）**立柱**　可用预制水泥柱，埋入土中 35～40 厘米，下垫大半截砖，预防立柱下坠。立柱在地面以上高度取决于它横向所在的位置。横向上一排设多少立柱要看网室的宽度，由于立柱多采取左右对称设置，所以多为 6～8 根，以网室的脊为中心轴线，在两侧对称由高到低地配置。两立柱间距多为 2～2.5 米，两侧最外面的 1 根立柱距网室边多为 1 米，埋时需向外倾斜呈 60°～70°角。网室纵向两拱之间的距离是 1～1.2 米，因此每 1～1.2 米设立 1 排立柱。

（2）**拉杆**　拉杆起到连接固定南北向立柱，使之成为一个整体。拉杆可用直径 4～5 厘米的毛竹充当，在距网室棚面 25 厘米处与立柱绑缚固定。

（3）**拱杆**　拱杆可起到固定棚形的作用，同时也把立柱在横向上连为一体。拱杆是从网室中间最高位置向两侧对称呈弧形延伸，及至网室的两侧收缩成半立状。拱杆多采用直径为 3 厘米左右的竹竿。

（4）**覆盖防虫网**　在架设起骨架后，就可选择在无风或微风的天气覆盖防虫网。用压膜线固定防虫网。

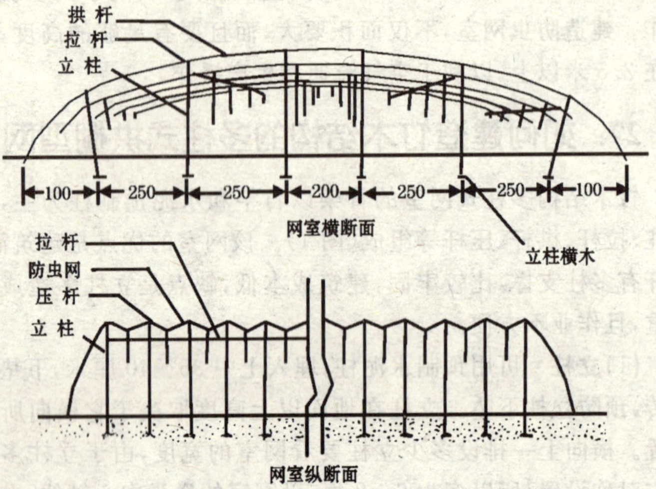

图 1　竹木结构多柱式拱棚型网室结构示意图　（单位:厘米）

28. 怎样建造悬梁吊柱式竹木拱棚型网室？

悬梁吊柱式竹木拱棚型网室是在竹木结构多柱式网室的基础上改进而成的。其中柱由原来的 1～1.2 米间距一排改为 3～3.6 米间距一排，横向每排 4～6 根。用木杆或竹竿作纵向拉梁，把立柱连接成一个整体，在拉梁上每个拱架下设一立柱，下端固定在拉梁上，上端支撑拱架，通称“吊柱”。其优点是减少了部分支柱，大大改善了网室内的光环境(图 2)。

29. 如何建造钢筋结构无立柱式拱棚型网室？

这种网室又称桁架式钢架网室。其拱杆、拉杆均用钢管或圆钢焊成的弧形平面桁架或三角桁架制成，无立柱，跨度 10～12 米，

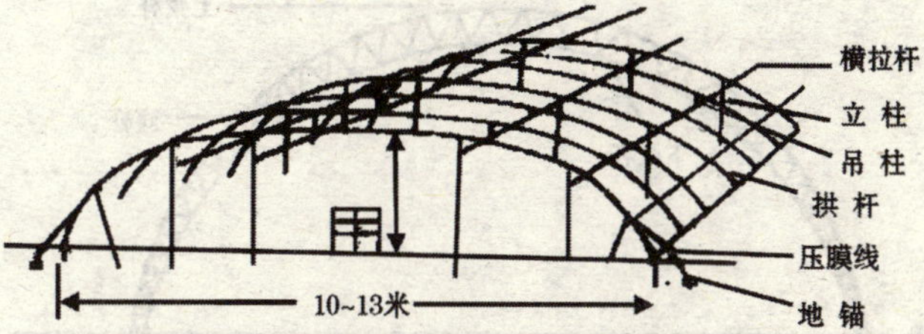

图2　悬梁吊柱式竹木拱棚型网室示意图

矢高2.5～2.8米，长40～60米。

弧形平面桁架由上弦杆、下弦杆和连接上下弦的腹杆焊成。上弦杆多用16毫米的圆钢或25毫米钢管制成，下弦杆用10毫米圆钢，腹杆用6毫米钢筋，桁架宽20～25厘米，桁架间距1米。桁架下弦处用5道16毫米的圆钢作纵向拉梁，拉梁上用14毫米的钢筋焊接两个斜向小立柱支撑在桁架上，以防止桁架扭曲。在桁架的下方预埋水泥基座，将每个桁架放在水泥基座上。桁架上覆盖塑料薄膜，并加压膜线(图3)。

无柱钢架网室棚架无立柱，光照条件好，便于作业，棚架坚固，结构合理，抗风雪能力强，一般可用10年以上，但造价较高。

30. 如何修建钢管结构拱棚型网室?

目前国内生产的钢管结构拱棚型网室跨度有6米、8米、10米等几种，矢高2.5～3米，长度30～60米，均为拱圆形大棚型网室，棚架无支柱，以镀锌薄壁钢管构成拱杆骨架，还有纵向拉杆、卡膜槽、卡膜弹簧、棚头、门、侧部通风装置等，通过各种卡具组装而成，以上各种装置均由厂家生产配套供应。网室拱杆是由两根弧形直径25～32毫米的镀锌薄壁钢管在顶部用套管对接而成，拱杆距0.8～1.2米，全网室用5条纵向拉杆连接。该结构不易腐蚀、强

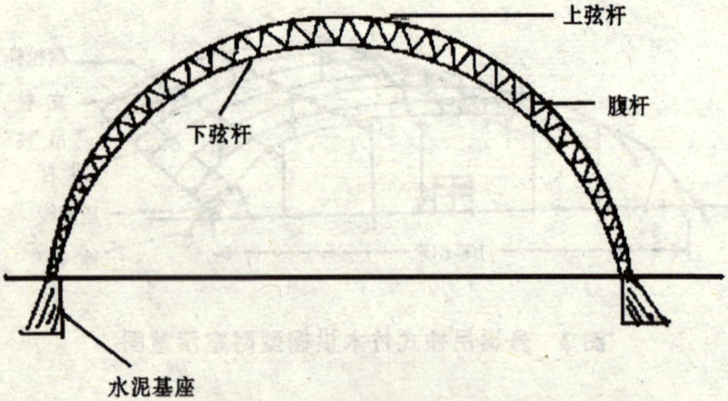

图 3　钢筋结构无立柱式拱棚型网室示意图

度高，一般能抗 9 级大风，无立柱，透光率高，便于作业，容易拆卸组装，使用寿命可达 10～15 年。

31. 如何修建立柱式竹木结构温室型网室？

(1)结构参数　①网室棚体总宽 8 米，后墙高 1.8 米，山墙高 3 米，墙下体厚 1 米，墙上体厚 0.9 米，走道 0.8 米，种植区宽 6.2 米。②立柱 5 排，一排立柱长 3.3 米，地上高 2.8 米，一排至二排立柱距离 2 米。二排立柱长 3.1 米，地上高 2.6 米，二排至三排立柱距离 2 米。三排立柱长 2.2 米，地上高 1.8 米，三排至四排立柱距离 2 米。四排立柱长 1.2 米，地上高 0.8 米，四排至五排立柱距离 0.2 米。五排立柱(戗柱)长 1.2 米，地上高 0.82 米。③采光屋面参考角平均角度为 26.5°左右，后屋面仰角为 30°左右。距前窗檐 400 厘米、200 厘米处和前檐处的切线角度分别为 14°、21.8°和 26.6°左右。

(2)剖面结构图　见图 4。

(3)建造　取 20 厘米以下生土建造网室墙体。墙下部厚 1 米，顶部厚 90 厘米，后墙高 1.8 米，山墙高为 3 米，前窗高度为

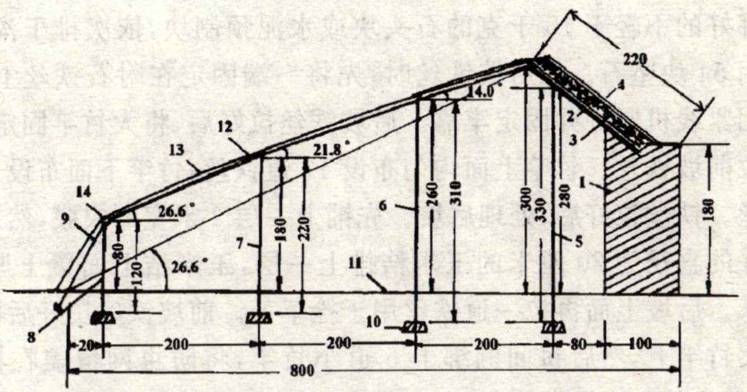

图4　立柱式竹木结构温室型网室剖面结构　(单位:厘米)

1.后墙　2.后坡斜棒　3.后坡防水膜和玉米秸

4.后坡草泥　5.后立柱　6.中立柱Ⅰ　7.中立柱Ⅱ

8.前立柱　9.戗柱　10.基石　11.水平地面

12.拱杆　13.棚膜或防虫网　14.横杆

0.8米,网室外径宽8米。由于墙体下宽上窄,主体牢固,抗风雪能力强。后坡坡度约30°,以加大采光和保温能力。在离后墙70～80厘米处,先将3.3米高的水泥立柱按1.8米的间隔埋深50厘米,上部向北稍倾斜5°,以最佳角度适应后坡的压力。离第一排立柱向南2米处挖深50厘米的坑,在东西方向按3.6米的间隔埋好高3.1米的立柱。再向南的第三、第四排立柱,南北方向间隔均为2米,东西方向间隔均为3.6米,埋深均为0.5米。第三排立柱高2.2米,第四排立柱高1.2米。第五排为戗柱,规格与第四排立柱相同,埋设时下部露出地面处与第四道立柱相隔20厘米。立柱埋好后,在第一排每一条立柱上分别搭上一条直径不小于10厘米的木棒,木棒的另一端搭在墙上,在离木棒顶部25厘米处割深1厘米的斜茬,用铁丝固定在立柱上。下端应全部与后墙接触,斜度为45°,斜棒长度2.1～2.3米。斜棒固定后,在两山墙外2～3米左右,挖宽70厘米、深1.2米、长6米的坠石沟,将用8号铁丝捆绑好的不轻于15千克的石头块或水泥预制块，依次排于沟底，共用54块坠石。拉后坡铁丝时，先将一端固定在附石铁丝上，然后用紧线机紧好并固定牢靠。后坡铁丝拉好后，将大竹竿固定好，再拉前坡铁丝。竹竿上面均匀布设17道铁丝，竹竿下面布设3道铁丝。铁丝拉好后，处理后坡。先铺上一层3米宽的农膜，然后将捆好的直径为20厘米的玉米秸排上一层，玉米秸上面覆土厚30厘米。后坡上面再拉一道铁丝用于拴草苫。前坡铁丝拉好后固定在大竹竿上，然后每间棚绑上5道小竹竿，将防虫网覆盖在棚面上，并将其四边扯平拉紧，用压膜线或铁丝压住防虫网。

32. 如何修建无立柱钢筋骨架结构温室型网室？

(1)结构参数 ①网室总宽11.5米，后墙高2.2米，山墙高3.7米，墙厚1.3米，走道0.7米，种植区宽8.5米。②仅设后立柱，种植区内无立柱。后立柱高4米。③采光屋面参考角平均角度26.3°左右，后屋面仰角45°左右。距前窗檐800厘米、600厘米、400厘米处和200厘米处的切线角度，分别为23.34°、28.22°、34°和45°左右。

(2)剖面结构图 见图5。

(3)建造 网室内南北向跨度11.5米，东西长度60米。网室最高点3.7米。墙厚1.3米，两面用12厘米砖砌成，墙内的空心用土夯实。后墙高2.2米。前面镀锌钢管钢筋骨架，上弦15号镀锌管，下弦14号钢筋，拉花10号钢筋。网室由16道花架梁分成17间，花架梁相距3米。花架梁上端搭接在后墙锁口梁焊接的预埋的角铁上，前端搭接在设置的预埋件上。两花架梁之间均匀布设三道无下弦15号镀锌弯成的拱杆上，间距0.75米，搭接形式和花架梁一致。花架梁、拱杆东西向用15号钢管拉连，前棚面均匀拉接4道，后棚面均匀拉连2道，前后棚面构成一个整体。在各拱

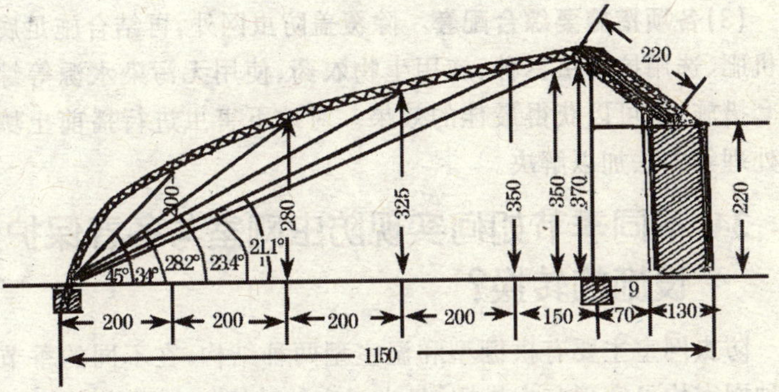

图 5　无立柱钢筋骨架结构温室型网室剖面结构　(单位:厘米)

架构成的后棚面上铺设 5 厘米厚的水泥预制板,预制板上铺炉渣 40 厘米作保护层。

33. 应用防虫网生产韭菜应注意哪些问题?

应用防虫网生产韭菜是一项实用的无公害生产技术,对保证上市韭菜的安全卫生,有良好的经济效益和社会效益。应用防虫网生产韭菜应注意以下 3 个方面的问题。

(1)选择适宜的规格　防虫网的规格主要包括幅宽、孔径、颜色等内容,尤其是孔径要适宜。防虫网的密度大小,一般以目数来计算,即 1 英寸上的网眼格数。如果目数过少,网眼大,起不到应有的防虫效果;目数过多,网眼小,虽防虫但却会增加防虫网的成本。目前生产上推荐使用的适宜目数为 30～50 目,幅宽 1～1.5 米,以白色的为主。应用银色防虫网能有效驱避蚜虫,减少病毒病的发生和传播。

(2)防虫网必须实行全程覆盖　防虫网不需日盖夜揭或前盖后揭,不给害虫入侵机会,才能收到满意的防虫效果。此外,要经常巡视应用防虫网生产的田块,及时摘除挂在防虫网上的害虫卵块。

(3)各项措施要综合配套 除覆盖防虫网外,再结合施足腐熟有机肥、选用抗病虫良种、施用生物农药、使用无污染水源等综合配套措施,就可以获得最佳的效果。对地下害虫进行播前土壤杀虫处理等办法加以解决。

34. 不同季节如何实现防虫网室与冬春保护地设施的转换?

防虫网室主要有拱棚型和温室型两种结构,在不同的季节这两种网室均可实现与大拱棚、日光温室的转换。有两种转换方式:一是在夏、秋季节揭去原有大拱棚、温室上的塑料薄膜,而后覆盖防虫网,使大拱棚、温室转换为全覆盖型防虫网室。二是仅揭去裙膜和通风膜,不揭顶部的薄膜,用防虫网封住通风口和围裙位置,使大拱棚、温室转换为部分覆盖型防虫网室。前一种方式的缺点是缩短了薄膜的使用寿命,增加了生产成本;后一种方式的缺点是在夏、秋季节棚内温度过高,不利于韭菜生产。

三、韭菜优良品种

35. 如何识别与使用寿光独根红韭菜?

(1)品种来源 该品种为寿光农家品种黄马蔺韭菜中的一个优良品系。

(2)特征特性 植株高大,叶色深绿,叶片宽厚,芳香性物质含量高。在山东地区,10月1日前后的单株叶片数为5～13枚,叶尖稍尖,无白头,叶宽1～1.4厘米,伸直长度40～69厘米,自然株高50～60厘米,鳞茎以上部分长60～98厘米。假茎高20～25厘米,假茎粗(直径)0.4～1.2厘米。不包括鳞茎、花薹及根系在内,最大株重50克。6月下旬至7月下旬抽薹,薹高而粗,商品薹高80～90厘米,深绿色,中间无空腔,汁多而脆嫩,香味浓,营养丰富,品质优,花苞小、呈绿色;分蘖能力弱,长势强,抗寒性强,适用于冬春保护地栽培和露地栽培。独根红韭菜既可生产韭黄,也可生产韭青、韭薹,一般每667平方米产韭青3 000～4 000千克,韭黄2 500～3 500千克,韭薹1000千克。近几年来,随着寿光蔬菜生产的发展,独根红韭菜传遍国内外,受到各地人们的喜爱。

(3)适作茬口 冬春茬生产韭黄或韭青。

36. 如何识别与使用寿光大青根韭菜?

(1)品种来源 该品种为寿光农家品种黄马蔺韭菜中的一个优良品系。

(2)特征特性 植株健壮,生长势强,抗寒性较强。假茎粗,在早春露地栽培条件下,假茎地上部分是浅红色(以此区别于寿光独根红深红色),植株自然高度为50厘米左右,叶片宽1～1.3厘米,叶色浅绿，质地柔嫩，成龄叶片自然开张下垂。夏季抽薹较早，抽薹不集中，抽薹期长。较抗灰霉病。辛辣味浓，品质中等。

(3)适作茬口 冬春茬生产韭黄或韭青。

37. 如何识别与使用寿光小根红韭菜?

(1)品种来源 该品种为寿光农家品种黄马蔺韭菜中的一个优良品系。

(2)特征特性 株高35厘米，叶片窄而厚，长33厘米，宽1～1.2厘米，深绿色。分蘖能力强，假茎相对较细(以此区别于独根红，独根红分蘖能力弱，假茎粗壮)，假茎基部为紫红色。生长速度快，中早熟，抗逆性强，不易倒伏。辛辣味较独根红淡，营养丰富，品质极优，生食口感好。

(3)适作茬口 冬春茬生产韭青。

38. 如何识别与使用寿光9-1韭菜?

(1)品种来源 该品种为寿光独根红经提纯复壮的耐寒、高产、回芽早的独根红品系。

(2)特征特性 丰产性强。一般每667平方米产2 500～4 000千克，高产地块为5 000千克以上。10月1日前后测定，自然株高50～60厘米，鳞茎以上部分伸长度60～98厘米，假茎高20～25厘米，假茎粗(直径)0.4～1.2厘米，单株叶片数5～13枚，叶宽1～1.4厘米，叶片伸直长度40～69厘米，最大株重50克(不包括鳞茎及根系)，叶色浅绿、较软。受不同程度的低温和弱光照的影响，假茎基部呈紫红色，在冬季和早春，幼芽则呈现紫红色、浅红色、鹅毛黄色。夏季抽薹早(一般从6月上旬开始)，薹粗而质嫩，花薹最高达1.26米。分蘖力弱，长势强，抗寒性较强。

(3)适作茬口 适于冬春保护地栽培和露地栽培。

39. 如何识别与使用寿光 9-3 韭菜?

(1)品种来源 该品种为寿光独根红经提纯复壮的耐寒、高产、回芽早的独根红品系。

(2)特征特性 该韭菜高产优质,芳香性物质含量高,植株高大,叶色深绿,叶片宽厚,根状茎以上部分伸直长度为 60～80 厘米,假茎高 20～25 厘米,假茎粗(直径)0.4～1.4 厘米,叶宽 1.0～1.75 厘米,叶色深绿,花序呈弓形(别于其他品种的半圆形)。叶片较厚,一般为 0.1 厘米,实心,叶背起棱。假茎基部表面鲜红,以此区别于寿光 9-1 韭菜(紫红)。商品韭菜最大株重 50 克,6 月上旬至 7 月下旬抽薹、开花时薹高 1.01 米,分蘖能力弱,长势强,抗寒性强。

(3)适作茬口 适于冬春保护地栽培和露地栽培,是适于生产韭菜、韭青、韭薹等不可多得的高产、优质、高效良种。

40. 如何识别与使用河南 791 雪韭?

(1)品种来源 由河南省平顶山市农业科学研究所培育。

(2)特征特性 叶丛直立,生长迅速,生长势强,株高 50 厘米左右;叶鞘粗壮,浅绿色,叶片长而宽;宽 1 厘米左右;粗纤维少,品质好。产量高,单株商品重可达 28 克。791 雪韭分蘖力强。其突出特点是较耐寒,露地栽培返青早,早春可比一般品种提前 10～15 天上市,经济效益较高。

(3)适作茬口 适于冬春保护地栽培和露地栽培。

41. 如何识别与使用汉中冬韭?

(1)品种来源 该品种为陕西省汉中地区农家品种。

(2)特征特性 株高 40～50 厘米,叶丛半直立,单株能保持叶片 5～7 片,扁平,叶肉肥厚,叶长 32～42 厘米,宽 0.8～1.1 厘米,最宽达 1.9 厘米；浅绿色，叶尖钝圆，假茎横径粗 0.5～0.7 厘米，黄白色，横断面近圆形，且生长健壮，分蘖性强，抗寒性强，耐霜冻，冬季枯萎迟，早春返青早。当气温下降至－5℃时，嫩叶仍可缓慢生长，整个冬季假茎挺直，软化栽培时不烂韭。每 667 平方米第一茬韭菜产量可达 1000 千克。韭菜纤维少，味较淡，品质好。每 667 平方米年产 5000 千克以上。其缺点是抗灰霉病力差。

(3)适作茬口 适于露地、保护地及软化栽培。

42. 如何识别与使用杭州雪韭？

(1)品种来源 该品种为浙江省杭州、绍兴、嘉兴市一带的农家品种。该品种经辽宁省营口市引种筛选后定名为嘉定白根。

(2)特征特性 株高 50 厘米，叶宽 0.8～1.0 厘米，最大可达 1.2 厘米，叶短而宽，上举，直立性好，长势旺。假茎粗 0.5～0.6 厘米，长 7 厘米。植株分株性强，生长速度快，播后 60 天即可开始分蘖。90 天成株可达收获标准，尤其在覆膜生产中生长速度比河南 791 雪韭还快。另外，割后再长出的叶为尖头，不像其他品种有一部分叶尖平齐、留有割过的痕迹，因而商品性外观好。

(3)适作茬口 该品种休眠期不明显，适合北方温室不回秧秋冬连续生产。

43. 如何识别与使用诸城大金沟韭菜？

(1)品种来源 该品种为山东省诸城市地方品种。

(2)特征特性 植株生长势强，株高 30～45 厘米，半直立。叶片宽条形，长约 35 厘米左右，宽 0.7 厘米左右，绿色，无蜡粉，成龄叶片尖端向一侧卷曲反卷，呈钩状，故名“金钩”。假茎浅紫色，横切面为扁圆形。单株重 5.5 克。香味浓，纤维少，品质好。该品种耐寒，分蘖力中等，冬前回苗早，养分回流快，春季萌发早，抗病丰产。

(3)适作茬口 适于冬春季保护地栽培和露地栽培。

44. 如何识别与使用寒青韭霸?

(1)品种来源 寒青由河南省扶沟县韭菜研究所培育。

(2)特征特性 该品种是利用在高寒气候条件下的韭菜雄性不育系和优良自交系杂交而成的高抗寒韭菜一代杂交种(当月平均气温4℃,最低气温-7℃时,日平均生长速度1厘米以上),是目前全国各地日光温室、塑料大、小棚等保护地及露地栽培的最新韭菜品种。该品种株高50厘米左右,株丛直立,叶片深绿色,肥厚宽大、株型整齐,生长势强而迅速,20天左右收割一茬。最大叶宽2.2厘米,最大单株重60克,纤维含量细而少,口感辛香鲜嫩。高抗病、抗老化、分蘖力强,1年生单株分蘖9个左右,3年生单株分蘖可达45个,露地年收割青韭7~8刀,每667平方米产鲜韭25000千克左右。保护地年收割青韭10~12刀,每667平方米产鲜韭22000千克,3~6月份育苗或直播种植,育苗移栽时行距20厘米,株距2厘米,每667平方米用种量1.25~2.25千克。

(3)适作茬口 适于冬春保护地栽培和露地栽培。

45. 如何识别与使用寒绿王韭菜?

(1)品种来源 该品种由河南省扶沟县韭菜研究所培育。

(2)特征特性 该品种是利用在青藏高原上的野韭菜不育系和优良自交系杂交而成的高抗病、超高产、抗寒韭菜杂种(露地种植时可短期耐-10℃低温),适宜全国作露地、小拱棚栽培。该品种株高50厘米左右,株丛直立,叶片深绿色,宽大肥厚,速生,株型整齐。最大叶宽2~2.2厘米,最大单株重55克,纤维含量细而少,口感辛香鲜嫩脆,高抗灰霉病、疫病、抗老化,持续种植产量高,分蘖力强而快,1年生单株分蘖9个,3年后单株分蘖可达60个,年收割鲜韭9~10刀,产量20000千克,当日平均气温稳定在

10℃时即可播种，3～6 月份为最佳播期，温暖地区也可在秋后播种。播种时，浸种 20～24 小时，催芽 3～4 天，播后覆 1 厘米细土，苗出全以前保持土壤湿润。定植时株行距 10～15 厘米，每穴 3～5 株，每 667 平方米用种量 2～4 千克。

(3)**适作茬口**　适于冬春保护地栽培和露地栽培。

46. 如何识别与使用平韭 4 号?

(1)**品种来源**　该品种由河南省平顶山市农业科学研究所培育。

(2)**特征特性**　植株较直立，株高 50 厘米以上，株丛直立，生长旺盛。叶片绿色，宽大肥厚，平均叶宽 1 厘米。单株叶片数 6～7 个，单株重 10 克以上，最大单株重 40 克。粗纤维含量少，口感鲜嫩，辛辣味浓，品质佳。植株叶鞘粗壮，分蘖迅速，1 年生单株分蘖 7 个左右，3 年生单株分蘖 30 个以上，可持续多年丰产。该品种生产速度快，新叶生长能力强，20～25 天即可收割，且植株粗壮肥大，年收割 6～7 刀，每 667 平方米产鲜韭 11000 千克。播种 1 次，露地栽培可持续 3～4 年的高产。抗寒性强，分蘖力强，生长速度快，冬季不休眠，品质好，较耐运输和贮藏。

(3)**适作茬口**　适于保护地栽培。

47. 如何识别与使用冰冬韭菜?

(1)**品种来源**　该品种由河南省通许县果树蔬菜研究所培育。

(2)**特征特性**　韭菜植株直立，生长势强，分蘖力强，粗纤维少，味美辛辣，叶片肥厚，叶色深绿。该品种抗寒性极强，不畏寒霜和冰雪，在大雪纷飞的冬季，温度在－7℃植株不枯萎，且能缓慢生长。其植株高 60 厘米，叶宽 1～2.5 厘米，单棵重 30 克以上，每 667 平方米产韭菜 9000～10000 千克。

(3)**适作茬口**　该品种耐低温性较强，适合冬季温室、大棚、中棚和小棚栽培，是目前韭菜更新换代的一个优良新品种。

48. 如何识别与使用豫韭菜1号？

(1)品种来源 该品种由河南省平顶山市农业科学研究所培育。

(2)特征特性 株高45厘米，叶片宽大肥厚，叶色深绿；叶半披展，叶背有较明显的棱角，横断面呈钝三角形。辛辣味浓，较耐贮运，商品性较佳。冬季休眠，春季发棵早而整齐。一般露地栽培春季较其他品种提早5～7天发棵，提前7～10天收割上市。冬季回青后40～45天扣棚即可打破休眠而旺盛生长，且丰产性较好。

(3)适作茬口 适合全国各地露地和冬春保护地生产。

49. 如何识别与使用迎雪韭菜？

(1)品种来源 该品种由河南省平顶山市农业科学研究所培育。

(2)特征特性 株高48厘米，株丛直立，叶片鲜嫩肥厚，粗纤维含量少。抗寒性强，冬季不回秧，在雪地里仍保持着绿色。抗病性好，尤其抗灰霉病和疫病，生长势旺，每667平方米产鲜韭9000千克以上。

(3)适作茬口 适合全国各地露地和冬春保护地栽培。

50. 如何识别与使用平科2号？

(1)品种来源 该品种由河南省平顶山市农业科学研究所培育。

(2)特征特性 株型直立，株高50厘米，叶片肥厚鲜嫩，叶片宽0.9～1.2厘米，叶长40厘米以上，单株叶片6～7个。平均单株重9克，最大单株重40克。分蘖力强，1年生单株分蘖10个以上。生长旺盛，1年可收割5～6刀，每667平方米产鲜韭9000千克以上。一般在12月5日前回秧,回秧速度快且整齐。耐热性较强,抗灰霉病、疫病。

(3)适作茬口 适合露地及冬春保护地栽培。

51. 如何识别与使用敖冬韭菜?

(1)品种来源 该品种由河南省平顶山市农业科学研究所培育。

(2)特征特性 株高50厘米,株丛直立,叶片上举,叶鞘较长,绿白色,春季早发,生长迅速,前期产量高,生长势旺,分蘖力强,每667平方米产鲜韭10000千克以上。抗寒性特别强,在冬天仍缓慢生长,呈现一片绿色。抗病性强,高抗灰霉病。

(3)适作茬口 适合全国各地露地和冬春保护地生产。

52. 如何识别与使用雪韭4号?

(1)品种来源 该品种由河南省平顶山市农业科学研究所培育。

(2)特征特性 该品种是在抗寒性较强的河南791雪韭和平韭四号优良品种的基础上选育并提纯的新一代韭菜新秀。株高50厘米以上,植株直立且生长迅速强壮,叶鞘粗而长,叶绿色且宽厚肥嫩;最大叶宽2厘米,最大单株重45克,分蘖力强,抗病、耐寒、耐热、质优、高产。1年可收割6～7刀,每667平方米产鲜韭15000千克。在黄河以南作露地栽培,冬季基本不休眠,12月上旬仍可收获鲜韭。其他地区冬季生产鲜韭,必须在日光温室内进行。该品种抗寒性强适应性广,在全国各地均可露地或保护地栽培。3～5月份在黄河流域为最佳播种期,东北、西北高寒区域最佳播种期为4～6月份,播种时育苗移栽或直播均可,行距25厘米,株距1厘米,生长期间要注意喷药与灌根防治地下韭蛆。要重施有机肥料。露地栽培每667平方米用种量为1千克,保护地每

667 平方米用种量 1.5 千克左右。

(3)适作茬口 适合全国各地露地和冬春保护地生产。

53. 如何识别与使用平韭 6 号?

(1)品种来源 该品种由河南省平顶山市农业科学研究所培育。

(2)特征特性 株型直立,株高 60 厘米,叶片肥厚鲜嫩,叶片宽 1 厘米左右,叶鞘长 10 厘米以上,鞘粗 0.8 厘米,分蘖力强,生长旺盛,1 年收割 7～8 刀,每 667 平方米产鲜韭 12000 千克左右。抗灰霉病、疫病及生理病害,夏季一般不会出现干尖现象。抗寒性极强,冬季不休眠。

(3)适作茬口 适合冬春保护地生产。

54. 如何识别与使用黄韭 1 号韭菜?

(1)品种来源 该品种由河南省扶沟县韭菜研究所培育。

(2)特征特性 韭黄是一种高档的营养保健蔬菜,一年种植多年收获。该品种植株丛直立,叶宽肥厚,成株高 50～55 厘米;味鲜脆嫩,纤维素极少,柔嫩质优,生长快,产量高,具有耐寒、耐肥、耐高温高湿,喜黑暗无光环境,抗病性强等优点;比一般的韭菜品种分蘖力强,假茎粗、不易倒伏,跑马根少,不易浮蔸上长,在黑暗条件下生长速度较快,是当今韭黄生产最理想的软化栽培品种。

(3)适作茬口 适合全国各地露地和冬春保护地生产。

55. 如何识别与使用天津大黄苗韭菜?

(1)品种来源 该品种为天津市地方品种。

(2)特征特性 叶片颜色浅绿,叶片宽达 1 厘米以上,叶尖较钝,中肋不明显。叶鞘粗,横断面扁圆形。该品种分蘖性强,再生力强,遇虫害后易恢复。开花期晚,易倒伏。纤维少。品质好,产量高。

(3)适作茬口 适于大棚栽培。

56. 如何识别与使用铜山早薹韭?

(1)品种来源 该品种系由江苏省铜山县从当地品种变异株中选育出来的韭菜新品种。

(2)特征特性 抽薹早,收薹期长。在徐州地区,拱棚覆盖栽培,3 月上旬开始抽薹,陆续采收上市,至 10 月中下旬,1 年可采薹 3～4 次。在日光温室栽培春节前可割两茬青韭,以后以采薹销售为主。薹粗 0.4 厘米,长 45 厘米,平均单薹重 5 克,每 667 平方米产青韭 1000 千克、韭薹 1500 千克。该品种分蘖能力强,1 年生单株分蘖 10 个左右,最多可达 17 个。

(3)适作茬口 韭薹翠绿鲜嫩,清香,辛辣味甜,是适合保护地栽培的一个薹用品种。

四、韭根培育

57. 怎样提高韭菜种子发芽率?

(1)选种 选用饱满的种子无论是袋装还是散装种子,都要先晒种2~3天,然后经风选去掉秕粒、霉粒。

(2)浸种 浸种可使种子在适温中涨大,增强种子发芽性和适应力,同时还可去掉秕粒,为提高发芽率打好基础。有的农民朋友先烫种后浸种,易在猛烈的高温下使种子失去发芽力,造成部分种子生活力下降,这是不可取的。浸种用水量以淹没种子为限,以免水量过多降低发芽率。浸种的温度保持在20℃左右,有利于种子进入生活力的适温阶段,增强种子萌动力。为了保温,可在温箱或棉被中保温浸种,浸种时间为一昼夜。

(3)高温烫种 利用水的高温热力,杀死种子表面和潜伏在种子内部的病菌,也是打破种子休眠、增加种子活力的重要手段。烫种时将水温控制在55℃~60℃,时间控制在20分钟。为了保持水温,可在水中插一支温度计,当水温低时及时加入热水。为使种子受热均匀,要不断搅动。若种子量小,可在热水瓶中烫种。烫好的种子用清水冲洗一次,晾干水气后即可催芽。

(4)消毒 ①种子消毒。为了保证种子不带菌,可在高温处理后用1%硫酸铜溶液浸种5分钟,或用0.3%代森锌溶液浸种15分钟,然后用清水洗净。②苗床消毒。有药土消毒和营养土消毒2种方法。前者可在播前15天将苗床耕松,每平方米用64%噁霜·锰锌可湿性粉剂10克拌10千克细土,撒在土壤中,15天后再整地;后者是用70%福美双粉剂与65%代森锌粉剂等量混合后,一般每立方米的营养土拌混合药剂0.12~0.15千克,并拌均匀。将以上药土的1/3作垫底，2/3作盖籽土。

(5)精整苗床 为了保证催出的种子在苗床上能顺利出苗，要精整苗床。回填的营养土应及时填入畦中，达到田平土碎，畦边略高，畦中间平整，不能出现凸凹不平和蚕豆大的土粒。同时，在播种前浇足底水，浇水以自然落干为标准。

(6)催芽播种 把浸好的种子用清水冲洗1～2次后，再用干净的布包好，放入无油腻的瓦盆或瓦罐内，用湿布覆盖后，放在20℃左右的地方催芽，可用电热毯或电灯的热量催芽，一定要控制好温度。催芽时要经常翻动种子，每天用温水冲洗一遍，否则会影响种子的透气性，使种子缺氧死亡。洗后甩干再催，一般2～3天后，当30%的种子露白时即可播种。播种要均匀，播后覆盖2厘米厚的细土，齐苗后要及时防苗期病害。

58. 怎样才能使韭菜出苗齐出苗快？

韭菜种子发芽慢、发芽困难，加之春季低温，很难齐苗。春季早播有利于韭菜分蘖，并使蘖多、蘖壮。春季韭菜播种应掌握以下几项技术措施：

(1)浸种催芽 韭菜种子坚硬，吸水膨胀慢，为了促进发芽，播前需浸种催芽，用40℃的温水浸泡1昼夜后，放在清水中搓洗，捞出后稍晾，用湿纱布包好，放在15℃～20℃条件下催芽。催芽期间每天可用清水淘洗1次，3～5天后，当种子冒出白色胚根时即可播种。

(2)精细整地 韭菜幼芽出土能力较弱，播种前精细整地是保证全苗的关键。春播时最好用冬闲地，冬前深翻。春季解冻后，打碎坷垃，每667平方米施粪肥5000千克以上。施肥后，浅翻1遍，深度为16～20厘米。春耕后，及时搂耙整平，做成1.5米宽的畦子，畦内开沟，沟宽10厘米左右，沟间距15～20厘米，沟深5厘米。

(3)播种及促苗 播种时，先顺沟浇水，水渗后，将种子均匀地撒在沟内。撒种后，轻轻搂平畦面，然后撒覆一层细干土填充缝隙。种子出苗前，要经常保持土壤湿润，以利于种子出苗。一般间隔3～4天就要浇1次小水，共浇3次，经10天左右即开始出苗。出苗后仍需保持土壤湿润，因此时根的吸收能力弱。一般每隔5～6天浇一次小水，以利于保苗。

59. 怎样进行韭菜育苗?

韭菜育苗有直播育苗和苗床育苗两种方式。直播育苗就是把催好芽的种子直接播在准备种植韭菜的畦中，畦底宽2米，播种时按20厘米一垄挖2～3厘米深的沟，把韭种顺垄撒到沟中，播种前要先从畦面挖出5厘米厚的土再浇水造墒。最后进行覆土，覆土厚度不能超过种子高度的1.5倍，覆土过厚出芽较迟，往往导致烂种。覆土过浅，种子出苗往往扎根较浅，形成弱苗。在覆土后可覆盖地膜，防止水分散发，保持土壤内的温度和水分，确保苗出齐出全。直播育苗虽然能减少移苗的环节，但往往出苗不齐，造成缺苗断垄。

苗床育苗就是在育苗前先准备好韭菜种。韭菜种最好选用当年生或上一年生产的种子，然后整理苗床，苗床用地的面积和生产用地的面积为1∶10，每667平方米韭菜苗床需要韭菜种子4～5千克。苗床要建在旱能浇、涝能排的地方，前茬蔬菜不能是葱、蒜类蔬菜，建造苗床的地块土壤要肥沃，以砂壤土为宜，地块选好后，每667平方米苗床地要施用2000千克充分腐熟的圈肥，同时加入200千克的磷肥，深翻土壤30厘米以上施入，而后整理苗床，苗床一般为东西向，畦底宽以1.2米为宜，以人在苗床两边的垄上能用手对苗床中间的韭菜苗进行间苗、拔草为标准。苗床四周起宽10厘米、高20厘米的垄，长度因韭菜栽培面积而定。苗床内要先挖出10厘米深的土壤，然后把苗床内土壤整平备用，在整理苗床的同时对韭菜种子进行催芽，催芽前先精选种子，剔除种子中的杂质和不饱满种子，然后晒种以提高种子发芽势，晒种后可先用25℃的凉水预浸种子2～3小时，然后把种子放入50℃～55℃的温水中进行烫种消毒，在放入种子的同时，要用木棒对种子迅速搅拌，直至水温下降至25℃时把种子捞出来，用干净的湿布把种子包好后放在30℃的恒温环境中催芽，每天定期淘洗种子，以满足种子发芽时需要的氧气和水分。当有50%的种子露白时就可播种。播种前把苗床灌足水，待水渗下后把种子均匀地撒于畦面上，再覆上稍干的细土，覆土厚度为种子高度的1～1.5倍。如覆土过薄，出苗过快形成弱苗；覆土过厚，出苗较慢，易导致苗黄苗弱，甚至烂种。覆土后要盖上地膜，防止水分散失和提高土壤温度。

无论是育苗移栽还是直播育苗，都要在惊蛰到清明期间进行。如果用小拱棚育苗要适当提前。播种后要随时查看出苗情况，苗出齐后，要及时把地膜撤掉，以防止高温灼伤韭菜苗。韭苗出齐后要加强肥水管理，育苗畦稍干的地方要用喷雾器适当喷水，防止土壤出现板结，韭菜苗出齐10厘米左右就可施用肥水，结合浇水每667平方米育苗畦施用三元复合肥(15∶15∶15)20千克，促苗快长。育苗畦中出现杂草时要及时拔除或用35%二甲戊灵乳油1500倍液喷雾防治，以防止杂草和韭菜苗争水争肥。当苗高达20厘米左右即可定植。

60. 怎样进行韭菜小拱棚育苗?

为了提高韭菜种植当年产量，生产中多采用拱棚育苗技术。寿光菜农一般在2月中旬建设小拱棚。小拱棚一般为东西向，拱棚的南北宽度为2米，拱棚为半圆形或矩形，上好薄膜后迅速盖上草苫，利用白天太阳的能量促进拱棚中冻土的融化，盖草苫10天左右，冻土基本消融时进行播种，播种前对韭菜种子进行催芽，当有50%的种子露白时可进行播种。播种前将地面整平，浇透水，待水完全渗下后进行播种，播种后盖约1厘米厚的细土。播种后韭菜出苗前进行盖苫保温，韭菜出苗前保持土壤湿润。韭菜出苗后在中午进行适当通风降温，一般播种后25天左右出齐苗，适当追施氮肥促进幼苗生长，并及时进行除草。5月上旬当韭菜苗长到15厘米左右时即可进行移栽。

61. 韭菜直播的方法有哪几种？

韭菜直播就是按合适的株行距和适宜的用种量播种，出苗后不进行移栽的一种播种方式。直播多采用薄膜覆盖条播法和开沟覆土成垄法两种方式。

(1)**薄膜覆盖条播法**　在浇透水的畦面上，按合适的行距，呈条带状撒播韭种，覆土后用薄膜盖畦面，这种播种方式称为韭菜的薄膜覆盖条播法。此法较开沟覆土成垄法能提前播种30天左右，而且当年韭黄产量能增产20%以上。按此法播种，每667平方米用种子2～2.5千克。要选用土质肥沃、浇水方便的地块播种。做畦时，一般每667平方米施细土杂肥或猪栏粪5000～15000千克，使土肥尽量混合均匀，做到畦平、土实，使畦面低于地平面5～10厘米。播种前浇透水，按南北方向间隔30厘米画线，选顺线每667平方米撒施5%辛硫磷颗粒剂2.5千克，或喷洒70%辛硫磷乳油1000倍液，而后沿线撒播用25%多菌灵可湿性粉剂拌过的干种，每50克韭菜种子播20～25行(行长即畦宽2.2米)，播后覆土1～1.5厘米厚。翌日搂平畦面，喷施二甲戊灵，随即设拱棚覆盖或在畦面平铺膜。当棚内温度超过30℃时，要通风降温，严防高温烧苗。若采用地膜平铺覆盖，韭苗露头时随即撤去地膜。拱棚或膜撤除后，随即喷洒农药防治病虫。每5～10天轻浇一次水，浇后划锄，保持畦面湿润。幼苗缺肥时要及时追肥，每次每667平方米随水追施尿素7.5～10千克。

(2)**开沟覆土成垄法**　在整好的畦面上，按合适的行距开沟，顺沟撒播韭种，将沟覆土成垄，这种播种方式称为韭菜的开沟覆土成垄法。其具体做法是：当土壤解冻后，首先将畦内表土起出，放在畦的两侧，挖出适量生土运走，将表土重新填入畦内，每667平方米施土杂肥5000～15000千克，使土肥尽量混合均匀，然后浇足水，沉实畦土，使畦面低于地面5～10厘米。当畦土干湿合适时锄松土壤，整细搂平。一般东西畦按南北向开沟，沟深1.5～2.5厘米，宽4～5厘米，行距30厘米。顺沟浇小水，水渗后顺沟每667平方米撒施25%多菌灵可湿性粉剂和5%辛硫磷颗粒剂各2.5千克，随后顺沟均匀撒种。播种几垄后，从沟两侧取土，将沟覆土成垄。播种后覆土成垄，能减少沟内土壤水分的散失，使种子发芽时处于透气和湿润的适宜状态，以利于出苗。“春分”至“谷雨”期间播种，每667平方米用种子2.5～3千克，20天左右，当韭苗接近畦面时，要及时搂平畦面通风。

62. 韭菜直播与育苗移栽在播种方法上有什么区别?

韭菜直播时，一般用条播法，而育苗移栽多用撒播法。撒播时，首先起出部分覆土，将畦面耙平，灌足底水，水渗后喷施48%毒·辛乳油1000倍液防韭蛆，然后均匀撒播种子，覆土1～1.5厘米厚。翌日早晨，趁湿度适宜，用铁耙轻耙平，盖地膜保温保湿。并可用小拱棚覆盖，夜间加盖草苫。草苫白天应早揭晚盖，维持地温15℃以上，10天后可出齐苗。出苗后揭掉地膜，4月中旬撤除小拱棚，每667平方米需种子2～3千克。条播的方法是：在东西向平畦内，南北向按30厘米的行距开宽4～6厘米、深2～3厘米的小沟，顺沟浇小水，水渗下后在沟内撒辛硫磷药土(每667平方米用辛硫磷1.5千克，对细土10千克)，也可在开沟后不浇水，直接用70%多菌灵可湿性粉剂800～1000倍液灌沟。施药后即可播种，种子撒播在沟内，而后覆土。2～3天后，当湿度适合，用铁耙将覆土耙平。最好能覆盖塑料薄膜保湿保温。直播每667平方米需种子2～3千克。露地直播时，为防止韭菜畦落干，影响出苗，寿光菜农采用播种后多覆盖土的方法保墒。具体做法是：在播种覆土后，在行间用小铁锄划几下，使土划到两侧，用手理顺，这样每一行即成为一小垄。即将出苗时，再除去多覆盖的土层。去土要及时，以免去土时造成伤芽。

63. 韭菜育苗移栽和直播有哪些优缺点？

韭菜育苗移栽，既可浅播保齐苗，又可深栽减缓"跳根"影响。同时，进行育苗移栽，还可以利用韭菜的分蘖特性，稀栽发大垄，节省种子，并且在苗期集中管理，方便工作，这样既有利于创造优良的条件，培育壮苗，还可节省土地，便于腾茬。育苗移栽的缺点是费工费时，而且一般当年无收益，只能等到翌年春季才有收获。直播法栽培韭菜，省工省事，见效快，一般秋季便可收割上市，或进行冬季覆盖生产。直播法的缺点是翌年跳根现象严重，影响产量；并且直播用种量大，只能采取覆土及重新移栽的办法解决。同时，由于直播用种量大，成本高，在土地不能及时倒茬的情况下，影响播种面积。一般情况下，在土质疏松、保苗力强的土壤上采用直播可减少移植的手续，植株生活力强，分蘖多；在保苗困难的地区，采用育苗移栽便于苗期集中管理，同时可节省苗期用地。

64. 韭菜播种方法主要有哪几种？

韭菜的播种方法较多，可根据气候条件、墒情和播种期确定。

(1)干播法 在早春气温低、土壤蒸发量小、土壤墒情好时宜采用干播法。育苗畦整平后，在畦面按行距10～12厘米，开深1.5～2厘米、宽2～6厘米的浅沟，在沟内撒种并覆细土1～1.5厘米厚，播后镇压。也可在畦上撒播种子，而后覆细土镇压，使种子与土壤密接，并保持墒情。干播法因播前未浇水，地温较高，出苗迅速。在播种后每天应经常检查地表,若地表土壤发白、干旱,应及时浇小水,保持畦面土壤湿润。

(2)湿播法 在播种期偏晚,土壤墒情不好,气温高,蒸发量大时宜用此法。育苗畦整平后,先浇大水,水渗下后稍晾,待土壤不粘时撒种,而后覆盖细土1～1.5厘米厚。

播种后有条件时,可覆盖地膜以增温保湿。播种期晚时,可在畦面上覆盖秸秆或麦秸,以遮荫保湿。待幼苗出土达60%～70%时,陆续撤除地膜和覆盖物。

韭菜的播种量应适当。由于韭菜苗期叶片细小,生长缓慢,生长量小,播种过稀不但浪费土地,而且易滋生杂草。但播种过密,则缩小营养面积,影响幼苗生长发育,苗期易倒伏。每667平方米播种量以8～10千克为宜。如果发芽率低于80%,则播种量应酌情增加。

为了防治蛴螬、蝼蛄等地下害虫为害,播种后每667平方米撒药谷2～3千克。

65. 韭菜育苗期如何施肥?

育苗地选好后,最好要深耕晒垡,施足基肥,每667平方米铺施充分熟腐的优质有机肥350千克,接着翻耕使土肥混合均匀后整平地面做畦,畦宽1.5～1.8米,畦长的确定以管理方便为原则,一般畦长以7～10米为宜。

待苗长出2～3片真叶时追一次提苗肥,每667平方米追施硫酸铵1千克左右或尿素0.75千克或人粪尿100千克,施肥后及时浇水。当幼苗长出4～5片叶时再追一次肥,施肥量基本同第一次追肥。苗期每20天左右追一次肥,还要排水防涝,保持畦面见干见湿。如管理较好,生长正常的韭菜幼苗经60～70天即可达到移栽定植的标准。

66. 韭菜育苗移栽的适宜苗龄为多大?

韭菜幼苗定植的日历苗龄为75天左右,以幼苗具6～8片真叶、株高25～30厘米、鳞茎粗0.6厘米为宜。如幼苗过小,特别是鳞茎过小时,根茎内贮藏的营养物质少,难以满足重新生根的需要,不仅定植后缓苗慢,而且成活率降低。秧苗过大,则不如及早定植,以延长定植后的生长期,养成壮根为佳。所以,只要韭菜苗长到大小适宜时,就应及时定植。

五、韭菜的栽培管理

67. 怎样建韭菜畦?

选择在旱能浇、涝能排、有机质含量高的肥沃土壤建造网室后，再建设韭菜畦种植韭菜，选择的地块 3 年内没有种植过韭菜、大葱和大蒜。

建设韭菜畦，要根据劳力数量和生产冬韭、青韭和韭薹的数量和比例确定韭菜畦的数量和面积。一般在日光温室型网室内种植要建成东西向、畦宽为 2 米，两边做一个宽 20 厘米、高 20 厘米的垄，露地生产韭黄的韭菜畦前面要留一条宽 50 厘米的松土带，松土带内土壤要在封冻前提前深翻耙细，作为冬天生产韭菜时覆土用，以保证生产出假茎较长的韭菜。松土带内平时可作为放覆盖韭菜畦的草苫或毛苇苫的场所。畦底要挖出熟土层以下 30 厘米深的生土，而后每次每 667 平方米施用腐熟优质圈肥 2500 千克作基肥，最后结合土壤深翻把肥料和土壤充分混匀后平整地面备栽韭菜。

通常一个生产韭黄的畦前面有一个生产韭青和韭薹的畦紧密相连，但两个畦都要搭建薄膜拱棚，两畦之间要有充足的距离，作为架设拱棚和操作管理人员的走道。由于距离风障的远近导致最前面的韭菜畦温度最低、收割韭菜的次数最少，但出韭薹最早，中间的次之。中间生产青韭的畦可选用浅休眠的韭菜品种，利用不回芽的特性在封冻前收割一刀青韭，春节后根据长势再收割一次。生产韭黄的畦要根据韭菜价格高低确定收获次数和生产韭薹的早晚。

在大拱棚型网室中的韭菜畦要根据拱棚的走向确定畦的走

向，以达到充分利用土地和减轻风力的目的。

68. 怎样移栽韭菜？

韭菜幼苗长出 4～6 片叶、株高 15～20 厘米时定植。寿光市韭菜移栽的时间一般安排在麦收前后(6 月上旬至 7 月上旬)。实践证明，韭菜适期早栽，可在雨季来临前早缓苗早壮苗，为优质丰产打好基础。定植前先整地、做畦并施肥，做畦方法同直播畦做法。做畦后每 667 平方米施入优质圈肥 5000～7500 千克、过磷酸钙 50～75 千克、尿素 15～20 千克，使肥、土混匀，整平地面，准备移栽。为起苗方便，定植前 1 天视苗床干湿状况泼浇一次小水。定植时，从定植畦的一端起，按 30 厘米的行距，南北向开小沟(沟向与韭畦方向垂直)，沟深 4～6 厘米。韭菜移栽时，一般不用成墩(每墩 10～20 棵苗)栽植，而是单株或双株栽植，将韭苗按 1～2 厘米的株距放入沟中，根部要平整、舒展，先填少量土覆盖根部，而后顺沟浇水。水渗下后，将韭沟用土填平。开一沟栽一沟。定植完毕，再在全畦内普浇一遍大水，以促进缓苗。

69. 韭菜定植时为什么不要剪根剪叶？

韭菜定植时，有些地方习惯剪去叶梢，剪齐须根末端，这种做法是不科学的。韭菜的根叶修剪后给幼苗形成创伤的同时，既损失和减少了植株体内的营养物质，又减少了韭菜根与土壤的有效接触面积，影响了根系的肥水吸收。因此，修剪后定植对缓苗不利，试验也表明修剪后根叶的新根发生数明显少于不修剪的，而不修剪的缓苗快。

70. 韭菜定植后怎样进行肥水管理？

从韭菜植株定植到初冬叶片枯死，肥水的管理要做到促控结合。入夏前应控制以防止徒长，秋季韭菜旺盛生长期要肥水猛促，以增加韭株养分积累。定植缓苗后即进入夏季，气温逐渐升高，降水增多，不适于韭菜生长。因此，在立秋前一般不进行追肥、浇水，更不能收割。夏季降热雨后要浇井水降温，以防止烂根。8 月中旬以后，气温开始下降，温度、光照适合韭菜的生长，韭菜进入旺盛生长期。此期要重追一次肥，可每 667 平方米追施充分腐熟的豆饼 200～250 千克。具体追肥方法是：将粉碎并充分发酵的豆饼撒在畦内行间，并喷辛硫磷、毒死蜱等防韭蛆，然后在行间进行浅划锄，使豆饼与土壤掺和均匀。随即浇 1 次大水，以加速肥料的分解和吸收利用。以后每 5～7 天浇水 1 次，连浇 3～4 次，以利于韭株的迅速生长。9 月中下旬，可结合浇水每 667 平方米再追施尿素 15～20 千克。10 月下旬，地上部开始枯死，天气变冷，应停止施肥浇水，促使地上部养分回流到植株根部。

71. 怎样在夏秋季管理韭菜？

在棚室中无论是生产韭黄还是生产韭青的韭菜品种，都要在清明前后停止收割，以备养秧抽薹。此后进入夏、秋季的养根壮秧时期。从清明至立冬这一较长时期内韭菜生产主要围绕“保叶养根、贮存营养”进行，其主要措施有以下 5 项。

(1)防治病虫害 在惊蛰前后，各种害虫陆续进入为害期，病害也进入多发期。如果发生根部病虫害，在最后一次收割后 5～6 天，要根据相应症状对症用药进行灌根，灌根前要对韭垄两侧的土壤进行疏松，以保证药剂和病原物充分接触，有利于发挥药效。对于叶部病害，在韭菜长到 2～3 厘米时用相应药剂进行喷雾治疗。2 月下旬至 11 月中旬全天候覆盖防虫网。

(2)及时清除田间杂草 韭菜田间杂草主要是马唐、牛筋草、马齿苋等，可结合人工清除用药防治，可用 33% 的二甲戊灵乳油 1200～2000 倍液进行防治，在有机质含量高的土壤中栽培的韭菜要加大用药量。

(3)加强肥水管理,增强植株抗病能力 夏、秋两季正是高温干旱时节,作物的蒸发量大,需水量多,要坚持小水勤浇的原则,韭菜地要保持半干半湿。在清明前后最后1次收割后,夏至、立秋时分3次重施充分腐熟的有机肥,每次每667平方米施用煮熟的大豆1300千克,为防止地下害虫和种蝇为害,可在施用的大豆中拌入50%辛硫磷乳油1000倍液,并在喷药时拌入草木灰,一并撒施于韭菜垄之间。施用肥料后要加大水量,以免烧根。在立秋时要在韭菜垄之间沟施基肥。施用的肥料种类最好不要用圈肥,以免基施太多使韭菜畦因跳根而加快移植韭菜的速度。在平时,要每隔一次水施用一次肥,肥料以三元复合肥或磷酸二铵为主,每次每667平方米施用20～40千克。

(4)及时收获韭薹 每年的7～9月份是移栽第二年后的韭菜的抽薹旺季,需要及时收获韭薹,以免韭薹开花失去食用价值和浪费过多的营养,在每天早上太阳出来之前还有露水时是收获韭薹的最佳时机,可将约30厘米长的韭薹在开花前收割,可用一只手扶住韭薹,另一只手沿韭薹生长方向下伸至底部,从韭薹底部将韭薹折断,捆成约0.5千克的菜把上市出售。

(5)及时搭架、防止韭菜倒伏 到7月份,韭菜经过3个月的生长,高度达到50多厘米,韭菜行间变得郁闭、行间通风不畅,湿度加大,病虫害加重,此时要及时防治病虫害;同时由于韭菜行间郁闭,难以进行施肥、除草等作业,需要把韭菜架起来,可在韭菜畦的两端每侧都固定一个40厘米长的木棒,在畦的两侧分别扯一根16号铁丝,而后用与畦等宽的竹竿把韭菜架起来。

72. 在韭菜无公害生产中怎样进行施肥?

在韭菜无公害生产中施用的肥料包括有机肥、生物菌肥、化肥和其他肥料。有机肥是指用大量生物物质、动植物残体及排泄物、生物废物等和土混合积制而成的肥料,主要有堆肥、沤肥、厩肥、沼气肥、绿肥、饼肥、腐殖酸类肥料等。生物菌肥是以特定微生物菌种培育生产的含有活的有益微生物制剂。化肥是无机化学合成的肥料，如氮肥、磷肥、钾肥、复合肥和微肥等。其他肥料是指不含有害物质的食品、纺织工业的有机副产品等。

肥料可在定植前施用到土壤中，也可于清明前后在收割韭菜后或 8～9 月份韭菜生长盛期施用肥料，施用的肥料种类以圈肥和豆饼等优质有机肥为主。在每次收割后要随水冲施三元复合肥，每次每 667 平方米施用三元复合肥 20 千克，不能施用易挥发的铵态氮肥料，以免损伤叶片。夏秋季施肥时，由于韭菜叶片太高，要以施用煮熟的大豆和复合肥为主。这期间温度高，田间水分蒸发量大，要加大水分供应，每隔 7 天左右浇 1 次水，每隔 2 次水施用 1 次肥料，以施用易溶于水的复合肥为主。每次每 667 平方米施用三元复合肥 20 千克为宜。要少施氮肥，多施钾肥，以增加植株的抗倒伏能力。

73. 韭菜有哪些栽培方式?

韭菜栽培方式随着各地的栽培面积、种植习俗和消费习俗不同而不同。一般说，栽培面积小、劳力又充足的可生产韭黄，进行冬季阳畦覆盖软化生产。冬季阳畦覆盖软化生产是韭菜生产中最为复杂的一种，需要架设风障、搭拱棚、在垄中间覆土。这种韭菜生产虽然比较费工，但产品价格高，经济效益好。如果冬季阳畦覆盖面积较大、架设风障的原料又不足，可采用韭黄和韭青生产相结合的生产方式。一般韭黄在冬季生产，韭青在春季生产，韭薹在夏末秋初生产。这种方式生产韭菜，可采用连二畦或连三畦方式生产韭黄、韭青和韭薹。韭菜畦为东西向，韭黄畦在北边，韭青畦在南面，在生产韭青畦的南面再建一个生产韭薹的畦。前二者两畦之间留一个宽 1 米的作业带作为放草苫和取土之用，风障架设在韭黄畦的北面，在冬季可用薄膜和草苫覆盖并及时覆土。生产韭青和韭薹的畦之间不留作业带只留畦垄，这两畦可用竹片支撑成拱棚状，上盖薄膜，以利于产品提前上市。三畦之间通过距离风障的远近来调节产品上市时间，既可把生产韭薹的畦子放在生产韭黄的畦与生产青韭的畦之间，也可放在生产韭青畦的前面；既可架设小拱棚进行提温以促使韭薹提早上市，也可以仅覆盖防虫网形式在夏末秋初生产韭薹，但价格较低。

74. 冬季生产韭菜都有哪些保护地设施？

保护地生产青韭的方法较多。目前生产上广泛应用的主要有风障、阳畦、小拱棚、大拱棚和日光温室等。

韭菜的产品有韭黄、青韭和韭薹，这些产品的长度多为20～40厘米，因此冬季生产韭菜的保护地设施都非常简易，既可以用小拱棚，也可以用风障阳畦和小拱棚，还可以只用风障阳畦生产，或用大拱棚或日光温室进行青韭的大面积生产。一般地说，韭黄生产比较费工费料，价格也较高。生产韭黄时，为了提早上市，不仅需要风障阳畦，还需要在阳畦上设立拱棚并用草苫或毛苫对其进行覆盖，还要在韭菜垄之间进行覆土，以促使韭菜叶鞘变长。生产韭黄时要尽量使韭菜少见光，保证韭菜叶发黄。近几年来，随着人们对蔬菜无公害质量要求的提高，有些地方在智能化温室中进行韭菜无土无机型栽培和有机型栽培以及水培，但面积较少，没有形成规模。

75. 冬季生产韭菜有哪些覆盖材料？

冬季生产韭菜的覆盖材料除用架设的风障挡风外，从拱棚的里面到外依次可用薄膜、稻草苫和薄膜。稻草苫宽为1～1.2米，厚度为3～5厘米，长度比所覆盖的薄膜的宽度长30厘米就可。有的菜农为图方便，直接把碎麦秸撒在薄膜上，也能达到保温的目的。或者把碎麦秸装在编织袋内，比前一种办法更卫生。有些菜农为了使拱棚更牢固，可在支撑竹片中间用木棒把竹片顶起来，每根竹片之间可用铁丝连接起来，防止覆盖物盖到薄膜上时塌陷。

采用小拱棚覆盖和畦面平铺塑料薄膜覆盖的韭菜畦，可距韭菜垄北端25～30厘米挖风障沟；采用阳畦覆盖的韭畦，距韭菜垄北端30～40厘米沿阳畦北墙的北侧挖风障沟。在风障沟中沿东西方向隔3米左右，埋立一根直径为8～10厘米、高2.5米左右的木棒或竹竿，并使其向南倾斜20°。顺木棒或竹竿在离地面2米左右扯紧一条细铁丝，将各木棒、竹竿连接起来，以加强风障的抗风能力。然后，将高粱秸或玉米秸下端埋在风障沟中，上端系在细铁丝上，在高粱秸或玉米秸上再围上一层宽2.5米的旧塑料薄膜或地膜，以增强挡风和反光能力，并在薄膜外面附加一层玉米秸或麦秸苫子。最后，在风障下端的北侧培土防冻，培土高30～40厘米，在保证风障不倒伏的前提下，尽量加大风障向南倾斜的角度，使风障与地面呈70°左右的夹角为好。

76. 保护地如何选择塑料棚膜？

目前大棚的覆盖材料主要是塑料薄膜，其中最常用的棚膜按树脂原料可分为PVC（聚氯乙烯）薄膜、PE（聚乙烯）薄膜和EVA（乙烯-醋酸乙烯）薄膜3种。生产中按薄膜性能特点，棚膜又分为普通棚膜、长寿棚膜、无滴棚膜、长寿无滴棚膜、漫反射棚膜、复合多功能棚膜等。其中普通棚膜应用最早，分布最广，用量最大，其次是长寿棚膜和无滴棚膜。近年来，长寿无滴棚膜也有了较快的发展。目前我国生产的棚膜主要有以下几种。

(1)PE **普通棚膜**　该棚膜透光性好，无增塑剂污染，尘埃附着轻，透光率下降缓慢，耐低温（脆化温度为－70℃）；密度小（0.92克/立方厘米），相当于PVC棚膜的76％，同等重量的PE膜覆盖面积比PVC膜增加24％；红外线透过率高达87％～90％；夜间保温性能好，且价格低。其缺点是透湿性差，雾滴重；不耐高温日晒，弹性差，老化快，连续使用时间通常为4～6个月。在日光温室上使用这种棚膜基本上每年都需要更新。

(2)PE**长寿(防老化)棚膜**　在PE膜生产原料中，按比例添加紫外线吸收剂、抗氧化剂等，以克服PE普通棚膜不耐高温日晒、易老化的缺点。目前我国生产的PE长寿膜厚度一般为0.12毫米，宽度规格有1米、2米、3米、3.5米等，可连续使用2年以上。其他性能特点与PE普通膜相似。PE长寿棚膜是我国北方高寒地区扣棚越冬覆盖较理想的棚膜，使用时应注意减少膜面积尘，以保持较好的透光性。

(3)PE**复合多功能膜**　在PE普通棚膜中加入多种特异功能的助剂，使棚膜具有多种功能。如北京塑料研究所生产的多功能膜，集长寿、全光、防病、耐寒、保温为一体，在生产中使用反映效果良好。在同样的条件下，该膜夜间保温性比普通PE膜提高1℃～2℃，每667平方米棚室使用量比普通棚膜减少30%～50%。复合多功能膜中如果再添加无滴功能，效果将更为全面、突出。

(4)PVC**普通棚膜**　该棚膜透光性能好，但易粘吸尘埃，且不容易清洗，污染后透光性严重下降。红外线透过率比PE膜低约10%，耐高温日晒，弹性好，但延伸率低。透湿性较强，雾滴较轻；密度大，同等重量的覆盖面积比PE膜小20%～25%。PVC膜适于作夜间保温性要求高的地区和不耐湿作物设施栽培的覆盖物。

(5)PVC**双防膜(无滴膜)**　PVC普通棚膜原料配方中按一定配比添加增塑剂、耐候剂和防雾剂，使棚膜的表面张力与水相同或相近，薄膜下面的凝聚水珠在膜面可形成一薄层水膜，沿膜面流入棚室底部土壤，不至于聚集成露滴久留或滴落。由于无滴膜的使用，可降低棚内的空气湿度；露珠经常下落的减少可减轻某些病虫害的发生。更使生产者欣赏的是，由于该薄膜内表面没有密集的雾滴和水珠，避免了露珠对阳光的反射和吸收，增强了棚室光照，透光率比普通膜高30%左右，晴天升温快，每天低温、高温、弱光的时间大为减少，对设施中作物的生长发育极为有利。该膜的缺点是：透光率衰减速度快，经高强光季节后，透光率一般会下降到50%以下，甚至只有30%左右；旧膜耐热性差，易松弛，不易压紧。同时，PVC无滴棚膜与其他棚膜相比，密度大，价格高。

(6)EVA **多功能复合膜** 该膜是针对PE多功能膜雾度大、流滴性差、流滴持效时间短等弱点研制开发的高透明、高效能薄膜。其核心是用含醋酸乙烯的共聚树脂，代替部分高压聚乙烯，用有机保温剂代替无机保温剂，从而使中间层和内层的树脂具有一定的极性分子，成为防雾滴剂的良好载体，使流滴性能大大改善，雾度小，透明度高，在日光温室上应用效果最好。

77. 什么是韭菜强控早盖技术？怎样进行？

韭菜的强控早盖技术，是寿光市菜农在生产中总结出的在韭菜进入休眠以前进行盖膜生产韭黄和青韭的高效栽培技术，可在10～11月份供应市场。

强控早盖技术的关键是“两控一促”，韭菜从6月下旬开始不浇水不收割，控制韭菜的生长，对韭菜的植株进行支架，防止倒伏，培育健壮的植株，雨季来临后及时排涝，防止韭菜发生沤根等问题。

进入8月份，一般在“立秋”后，对韭菜浇水追肥，水肥齐促，促进韭菜植株生长，韭菜生长量较多，叶片肥厚，积累大量的营养物质。进入9月下旬，进行第二次控水，促进叶片中营养物质回流到根状茎中。

根据需要对韭菜地上部分进行高留茬收割，收割后的韭菜浇一次透水，同时用拱棚覆盖，利用适宜的温度和土壤湿度条件进行韭菜生产。一般9月中下旬盖膜的青韭，需要20～25天即可达到收割的标准，为提高产量和经济效益，可将韭菜高度培养到40厘米以上，一般每667平方米产量可达到3000千克，获得较好的经济效益。

收获韭黄的需要进行培土，一般在韭菜长到8～10厘米时进行第一次培土，培土的厚度为6～8厘米，上部留长3厘米左右的叶片，以促进假茎的伸长；培土后韭菜长到10厘米左右时进行第二次培土，土上留韭菜的高度为3～5厘米。一般进行2～3次培土后，韭菜假茎的长度达到15～18厘米。待上部的韭菜叶片长到5～7片叶、叶长达到15厘米以上时，可根据市场的行情和消费者的需要适时进行收割。收割青韭和韭黄后，对韭菜的根系进行培土保护，使韭菜在收割后安全越冬。

78. 架设风障可用哪些材料？怎样架设风障？

风障是进行韭菜设施栽培的主要设施，具有成本低、易建造、建设材料取材方便且可多次重复利用的优点。寿光菜农在多年的韭菜栽培中总结出了利用薄膜和竹竿架设风障的方法。

风障可以用玉米秸、薄膜、旧草苫、竹竿等为原料，架设风障用的薄膜多为旧薄膜，一般宽度是1.5米。利用竹竿或木棒为骨架，竹竿有2种，一种是粗竹竿，一种是细竹竿。粗竹竿或木棒长为2米。先在韭菜畦北面沿畦垄用土或砖垒一道30厘米宽、50厘米高的墙，在墙内侧顺墙的方向每隔5～6米埋一根竹竿或木棒，埋深40厘米，然后在竹竿或木棒的上、中、下三处扯三根铁丝把玉米秸铺在铁丝上，外面再披上一层薄膜，最后用细竹竿和铁丝对薄膜和玉米秸加以固定。有的菜农在架设风障时只用薄膜，不用玉米秸，可以参考上面的做法，在埋好立柱的基础上，在薄膜的上、下两端各用一根铁丝拉紧薄膜。细竹竿在韭菜畦北面东西向一般排列在薄膜的两侧，间距为20厘米左右，竹竿对薄膜起固定作用。下部进行培土固定，每隔5～6米埋一根加固用的木棒或细竹竿，东西方向在薄膜的中上部利用竹竿夹紧，并固定在木桩上。

薄膜风障的优点是：建造简单，建造速度快，一天可建造风障近百米。材料取材方便，薄膜是生产中用过的旧薄膜，并且可多次重复利用。它虽然提温效果尽管不如秸秆风障，但防风效果好。

近年为提高风障的性能，不少菜农采用反光膜扎制风障，实际应用中效果明显优于普通的薄膜风障。

风障的使用时间，多在网室撤掉防虫网的时间段内，一般从11月上旬至翌年3月份，是冬季进行韭菜生产的主要设施之一。

79. 在韭菜畦风障上加挂反光膜有什么好处？

2009年冬阴冷雨雪天气较多，导致韭菜减产、上市时间延后，一些菜农对此束手无策，而有的寿光菜农采用在韭菜畦的风障上加挂反光膜的措施，取得了很好的效果。据这些菜农介绍，如果天气晴好，加挂反光膜能让小拱棚内的温度提高3℃左右，从而缩短上市时间。如果未加挂反光膜的韭菜畦里的韭青30天左右上市，加挂反光膜的可提前上市3～5天。加挂反光膜的韭畦产量显著提高，以宽约2米的一垄韭畦为例，加挂反光膜的韭畦韭白的产量为3千克多，而未加挂反光膜的产量在2千克左右。这种反光膜价格低廉，1千克在16元左右，长约37.5米。

80. 如何确定保护地韭菜生产的扣棚日期？

扣棚时间就是拱棚或温室撤掉防虫网后密闭薄膜和加盖草苫时的提温时间。它随着生产形式的不同而不同。对于回根休眠韭菜，既要回根彻底，又要看韭菜上市的时间，一般在割头茬韭菜前50～55天扣棚。而对于不回根休眠韭菜品种应及早扣棚，以防止温度过低产生冻害。由于南北地区纬度的不同，扣棚的早晚也不同，“回青”韭菜宜在当地日平均气温为1℃左右时进行，即在当地上冻前扣棚。

81. 怎样做好扣棚前的准备?

扣棚前准备工作要根据所栽培的品种确定。对于不回根休眠的韭菜品种,在扣棚前一周割一茬韭菜,并施足基肥浇足水;对于回根休眠的韭菜品种,扣棚前向茎叶上泼浇人尿或草木灰浸提液,促进其完全回根,等韭菜地上部全部枯萎,才能进行扣棚,扣棚前要灌一次冻水。

韭菜"回根"是指入冬后韭菜进入休眠,地上部停止生长,叶片中的养分转化为可溶性营养物质回转到韭菜地下部根茎中去,形成一定的营养储备,为韭菜安全越冬及翌年春季生长打下物质基础。一般韭菜都要在土壤冻结 4~6 厘米时才"回根"完毕,拱棚才能扣棚生产,进入冬季生产阶段。

82. 韭菜扣棚后怎样进行管理?

扣棚后,在将枯叶清除干净的基础上要顺垄方向整平畦面,当苗高 10 厘米时要加强温湿度管理,以提高韭菜产量。

(1)**温度管理** 韭菜扣棚后,一般 25 天左右就可以萌发。萌发后,棚内白天温度控制在 18℃~22℃,夜间要保持 12℃~16℃。

(2)**适时及时培土** 等苗长到 6~7 厘米高时,要进行第一次培土,培土高 3~4 厘米,培土高度不要过高,以离"荷口"(叶片与叶鞘交叉处)1.5 厘米为宜。当苗长到 10~15 厘米高时,再进行第二次培土,培土的高度为 6~7 厘米,如此重复多次,韭菜根部行间就变成了土堆,植株间变成了沟。

(3)**肥水管理** 割头刀韭菜前,不浇水,待二刀韭菜长到 6 厘米高时,结合浇水每 667 平方米追三元复合肥 20~25 千克,以后在收割前 4~5 天再浇水。每割一刀都要扒垄,晾晒鳞茎,待新叶长出后,结合浇水追肥并培土。

(4)**及时收割** 当韭菜的高度长到 20~25 厘米时,一般在元旦前后，就可以收获第一茬韭菜了。收获的时间最好选择在晴天的上午，揭开塑料薄膜，用韭菜刀从韭菜基部收割。以后每刀间隔20～25天收割一次，一般收割3～4刀，每667平方米可产3000千克。

83. 韭菜高产栽培怎样剔根？

韭菜经过3～4年的生长后，老根不断死亡，新根逐渐上移"跳根"，不仅影响对营养和水分的吸收，而且分蘖减少，产量大幅度下降。如采取剔除老死根茎的技术措施，既可减少新辟菜园的工作量，又可使老韭菜焕发青春。

(1)追好伤前肥 对田块较薄、年数较久的韭菜地，剔根前要追一次速效氮肥，每667平方米施尿素5～8千克。

(2)扒根晒土 在早春土壤化冻、韭菜开始萌发前，选择晴暖天气把株间及韭撮周围的土扒开，用细竹签把韭菜根部周围的老土挑出，同时将枯死的根茎逐一剔除，而后进行晾晒。经过1～2个晴天的晾晒，可起到消毒杀菌的作用。

(3)换土培根 将韭菜田扒开的细土重新回培到株间。培土时可夹带些毒饵防治韭蛆，每667平方米可用10%噻唑磷颗粒剂2.5～3千克均匀撒施，最后再盖上一层新鲜的细土，待韭菜返青再进行施肥和浇水。

84. 韭菜怎样进行培土？

培土一般是在生产韭黄时才进行的，通过培土可使假茎柔软细嫩，洁白光滑，叶面肥美鲜嫩。培土还具有增温、保湿、防病等多种作用。培土要适时适量，灵活掌握，并使用干、热、细土，主要是培白提高假茎高度，使韭叶变短、变黄。培土的具体过程如下。

提前将培土深翻、晒干、搂细；培土前要将韭菜畦前面预留的培土沟进行深翻，深翻后要及时将沟内的土壤用铁耙搂细，当培土中水分为30%左右时即可培土。培土时韭菜芽以略高于所培土表面1～2厘米为好，要在晴好天气进行。培土前要针对上一茬韭菜发生的病虫害症状用药灌水或喷雾防治。培土时可用锨将沟内细土撒在两垄之间，土要撒平并略高于韭芽高度、紧靠着韭菜植株。

当韭菜植株高于培土10～12厘米时，需要再次及时培土，整个韭菜生长过程中需要多次培土，从第二次培土时要将土用手拢向韭菜植株，使植株附近的土略高于土垄。

85. 韭菜倒根有什么好处？如何倒根？

(1)倒根的好处 ①老根韭菜通过倒根重栽，可起到恢复更新的作用，继续发挥生产潜力。②可做到废根利用，降低生产成本。③比重新播种来得快。④通过倒根移栽，可以保持品种纯度。

(2)倒根的方法 倒根时间安排在夏季收割两刀后为最好。其具体方法如下：将韭菜根翻起来，选择无病虫、有生产能力的根茎，剪去过长的须根，去掉没有分蘖能力或腐烂的根茎进行重新栽植。床内栽的穴距为8～10厘米，每穴10株左右。垄沟穴栽的60厘米为1垄，苗带宽30厘米，栽4行。倒根移栽后的田间管理与育苗移栽相同。

86. 如何进行韭菜复壮？

韭菜连续种植4年以上，韭菜的根状茎不断上移，畦面不断升高，不便于管理；同时韭菜不断进行分蘖，韭菜行变宽，在田间的分布变得不规则，不便于进行各种优质高产的栽培和管理，需要对韭菜进行复壮。韭菜的复壮，一般在5月份进行，复壮后，加强管理，促进韭菜迅速进入高产期，可当年进行扣拱棚生产。

将种植多年的韭菜根系全部挖出，将地面下挖15厘米左右，重新规划新的韭菜畦面，一般畦面低于地面10～15厘米。将韭菜的植株从根状茎上掰下来，每个植株只留下一节的根状茎，将掰好的韭菜植株放在阴凉处晾根，待其根状茎处的伤口变干后再进行移栽。移栽的密度要适当增加，株距为1厘米左右即可。移栽时不要急于浇水，整个畦全部栽完后再浇水。第一水要浇透，浇水后及时划锄，以便于根系恢复生长。

移栽后的韭菜要及时进行除草，同时结合中耕，促进韭菜的生长。5月份移栽后，进入6月中旬韭菜开始进入分蘖期，当年可分蘖2～3次。进入秋季后加强肥水管理，增施磷、钾肥，以促进植株健壮。实现合理的群体结构，为进入高产准备条件。

87. 韭菜怎样留种?

韭菜留种大多是自繁种。留种田一般多位于韭菜田的边缘，远离其他品种韭菜的留种田，以防止杂交导致种性不纯。选择生长健壮，具有所栽培的韭菜品种特征的植株。植株选择留种的时间一般在8月上旬，将先期长出的韭薹全部采收。此时昼夜温差较大，白天光照强，韭薹长得粗壮，加上适宜的肥水管理，促进花薹的发育，选取健壮植株、生长一致的花薹留种，将8月中旬以后长出的花薹全部采掉，只留下8月上旬生长的整齐健壮的一批。

韭菜的花茎在合理的肥水条件下，可以长到80～100厘米，要加强对花茎的保护，防止病虫害的侵染。花茎一般在长到60厘米以上时要适当地支架，可用等长的粗铁丝插到地下并距离花茎稍近的地方用细绳子把花茎绑在铁丝上防止韭菜花茎的倒伏。如韭菜花茎一旦倒伏，韭菜种子的质量会受到严重影响。8月中下旬进入花期。如花期遇风雨要加强管理，防止花茎折断和倒伏。进入9月中下旬，当一朵花序中有部分韭菜种子开始裂开，种子散出时及时进行采收。采收时将整个花序采下，经过适当后熟后再晾干，将晾干的种子用手轻轻搓动，使种子从果荚中脱落，去掉杂质，经风选后放在干燥、阴凉的地方保存。

韭菜种子的寿命较短,如种子经过一个夏季存放后发芽率会显著下降,生产上多用当年生产的新种子。

88. 如何做到韭菜品质与产量同步提高?

在蔬菜生产中,品质与产量永远是一对矛盾,特别是韭菜生产,如何保证品质与产量同步提高,显得尤为重要。寿光市菜农为了使韭菜实现品质与产量同步提高,争取优质高产,采取如下 3 项措施。

(1)搭架防病 韭菜生产要想实现高产,首先要预防病害。其中防止韭菜倒伏是预防韭菜发生病害的一项重要措施。为防止韭菜倒伏,减少病害,应采取搭架栽培,即在韭菜畦的东西两端分别按 20 厘米的距离埋设高 30 厘米的木橛,在对应木橛间拉上铁丝,畦边的两道铁丝每隔 5 米再加上一个木橛固定,每垄韭菜之间,顺南北方向放置细竹竿于铁丝上,间距为 20 厘米,并绑扎好,这样叶片可伏在铁丝、竹竿上生长,不致倒伏。

(2)盖网防虫 韭菜要想品质好,就要设防虫网。防虫网的规格应选用 30～50 目。另外,在地面顺沟撒施草木灰,可抑制韭蛆幼虫孵化。

(3)设"太阳能"风障促生长 "太阳能"风障是用反光幕制成的一种风障,具有改善光照、提高温度的优点,可明显增加产量,促使韭菜提前上市。具体建造方法是:先准备好一块两米宽的反光膜,其长度可根据韭菜畦的长度确定。在韭菜畦的北面边缘处每隔 3～5 米埋一根木桩,主要起固定作用,木桩要前倾 60°角,这样有利于反光幕把太阳光反射到畦面上;在木桩与木桩之间东西向拉上若干平行的钢丝,钢丝与钢丝的间距为 10 厘米,在钢丝的北面挂好反光幕,而后里外用小竹竿夹紧封牢,使其固定在钢丝网上,用于夹紧固定反光幕的小竹竿间距为 30 厘米左右。

89. 越冬韭菜度夏田间管理措施有哪些？

冬季韭菜比常规栽培韭菜播种密度大，加上在生长季节不收割，叶片多而肥大，往往植株头重脚轻，造成大面积倒伏。韭菜多在夏季和秋季出现倒伏，尤其以秋季倒伏最为严重。倒伏的韭菜如处理不当或不及时，会造成下部叶子黄化、腐烂，以至滋生病害，严重影响韭菜光合产物合成、养分积累，降低冬季青韭产量。因此，安全越夏是保护地韭菜高产高效的重要生产环节，而降低温度、防止韭菜腐烂、保持韭菜夏季正常生长是越夏的关键所在。

从近几年的实践看，韭菜遮阳网覆盖和搭架生产的方法是韭菜安全越夏最经济、最有效的方法，可以就地取材，成本低，可操作性强，增产显著。

(1)**遮阳网覆盖**　韭菜喜冷凉气候，耐热性差，但耐阴性好。在夏秋高温季节用遮阳网覆盖栽培，可降低韭菜叶片表面温度，提高光合性能，有利于养分积累，促进韭菜健壮生长，提高韭菜单产和品质。如韭菜覆盖后，叶尖无焦枯，叶片嫩绿，品质明显提高。

①当年播种韭菜的4个覆盖阶段　第一阶段，在播种后出苗前采用浮面覆盖，可多层覆盖或在网上加盖稻草等覆盖物，出苗后及时揭开。第二阶段，在出苗后采用大棚、平棚和小拱棚遮阳网覆盖，晴天中午强光时覆盖，其他时间和阴雨天揭开。第三阶段，(6月份)，遮阳网白天盖夜间揭，阴雨天也揭开，但白天覆盖时间可比其他蔬菜长，这样更有利于降低温度，减少光照强度，提高韭菜生长势。第四阶段(7～8月份)，可采取持续遮阳覆盖，昼夜不揭开遮阳网，这样一方面可提高遮阳网的遮荫效果，最大限度地降低温度，减弱光强，另一方面节省揭盖的劳力，减低劳动强度。

②2～3年生韭菜分3个阶段覆盖　第一阶段(5～6月份)，遮阳网采取昼盖晚揭，同①第三阶段。第二阶段(7月份)，采取持续遮阳覆盖，昼夜不揭开遮阳网，同①第四阶段。第三阶段，遮阳网

白天夜间揭，同①第三阶段。

(2)搭架 当年直播的韭菜一般在立秋前搭架，老根畦韭菜一般在芒种以后搭架。顺畦方向扯紧 5～6 根(和韭菜行数相等)铁丝，间隔 40 厘米左右，离地面高 30～40 厘米，两端用木桩固定并拉紧铁丝，每隔 4～6 米加固一个木桩固定，防止铁丝下垂影响搭架效果。

搭架时可整理一下韭菜植株，尤其是 2～3 年生的韭菜。先用手捋下一部分韭菜干叶、老叶、病叶，再用木棍将韭菜统一挑向一侧，晾晒一侧垄沟和韭菜根部，使之充分见光和透光，然后隔 14 天左右，再将韭菜翻向另一侧，也使之充分见光和通风。如此交替进行，则可避免韭菜出现黄化和腐烂现象，增加维持正常光合面积，提高植株生长势，积累充足养分，为冬季丰产打下坚实的物质基础。

(3)其他配套技术 ①秋季发生倒伏的韭菜，千万不能收割，否则减产更加明显。②夏季严格控制浇水，一般 5～6 月份共浇水 1～2 次，雨季注意排水防涝。③夏季注意防治病虫害，一般常见的韭菜病虫有疫病、韭灰霉病、韭蛆、潜叶蝇等。要根据不同的病况和害虫以及不同的时期，施用不同的农药。每 10 天左右喷 1 次 50％辛硫磷 1000 倍液＋50％多菌灵 500 倍液混合液，预防病虫害。④夏季过后，立秋至秋分重施肥、勤浇水，以促其旺盛生长。立秋前后每 667 平方米施优质腐熟粪肥 1500 千克，或磷酸二铵 50～60 千克，或腐熟豆饼 500～600 千克、硫酸锌 2～3 千克。每隔 5～7 天浇 1 次水，连浇 3 次水，促其生长。从处暑至秋分，每 667 平方米追氮肥(尿素) 50 千克左右，并施硫酸钾 30 千克或草木灰 150 千克。寒露节前 10 天左右停止浇水施肥，迫使养分加速向鳞茎和根系回流。⑤及时拔除韭薹，减少养分消耗。

90. 怎样管理越冬小拱棚韭菜?

小拱棚韭菜种植多选择汉中冬韭、雪韭、独根红等品种,品种的选择要根据当地情况因地制宜,要注意抓住以下环节:一是“立冬”前后,割去地上部分的枯叶,将韭菜畦清除干净,并用70%嘧霉胺水分散粒剂1000倍液喷雾消毒杀菌或灌根,可防治灰霉病等病害。在垄间开沟追肥,每667平方米施有机肥2000千克左右,或干鸡粪400千克,加三元复合肥40~50千克,同时追加各种中微量元素肥料如钙、镁、硼、锰、锌等。施肥后浇一次透水,稍晾后撒层细沙,然后扣棚即可。二是扣棚后初期一般不用揭膜通风,抓紧提升棚内温度,白天保持28℃~30℃,夜间保持10℃~12℃,以促进韭菜尽快萌发新芽。韭菜萌发后白天温度控制在15℃~25℃,当气温达到25℃以上时要注意通风排湿,夜间温度应掌握在10℃~12℃,最低温度不能低于5℃。在每刀韭菜收割前5~7天要降低棚温,使叶片增厚,叶色加深,以提高韭菜商品性。收割后适当提升棚温大约3℃左右,尽快促生新芽。以后每刀韭菜的生长期间,其棚内温度可较前茬提升2℃,但最高温度不能超过30℃,昼夜温差以10℃~15℃为适宜。三是一般第一刀韭菜生长期间,不需浇水追肥,以免降低地温、增加空气湿度。头刀韭菜收割后7~10天内浇水,韭菜长到10厘米左右时再浇一次水,以后管理以此类推。注意此时浇水要浇小水,忌大水漫灌,同时结合追施硫酸钾复合肥,每667平方米大约冲10千克左右。四是由于小拱棚密闭的环境,空气湿度大,比较容易发生灰霉病和疫病等,所以要遵循“预防为主,综合防治”的原则。首先应选择地势干燥、排灌方便的地块种植,韭菜的生长期间尽量避免高温高湿的环境条件。防治灰霉病可选用70%嘧霉胺水分散粒剂3000倍液等,韭蛆可用48%毒·辛乳油1000倍液灌根。五是对于1年生的韭菜田,可收割2~3茬;2年以上的韭菜田可收割3~4茬。每茬韭菜收割的标准以达到 7 叶 1 心为最佳。收割时间最好在早晨，收割时，要以割到鳞茎上部 3～4 厘米黄色叶鞘处为宜，要边割边捆及时包装，以保持韭菜的新鲜，防止失水遭受冻害。

91. 如何做好韭菜秋季养根？

韭菜扣膜期间的生长，主要是依赖于秋季冬前贮藏到根茎和鳞茎里的养分。因此，秋季养好韭根是保护地韭菜生产的关键。秋季养根要抓好以下两个问题。

(1)两次重追肥 一般在 8 月下旬和 9 月中下旬搞好 2 次重追肥。正常用量为每 667 平方米施腐熟的人粪尿 1500 千克或腐熟饼肥 150～200 千克，并加入三元复合肥 20 千克。

(2)适期浇水 9 月份保持地皮不见干，一般每 7 天浇 1 次水；10 月份掌握要有湿有干，不旱不浇。对于需要“休眠”的韭菜，应防止出现水肥过大贪青不回根的现象。在大地封冻前 15～20 天浇一次冻水，这次水是供扣膜后头刀韭菜萌发生长期间所需用的水分。如果临近扣膜才浇水，不仅扣棚后室内湿度大，升温慢，而且也不利于扒土晒根作业。对于无须深“休眠”的连秋生产韭菜，则要酌情保证水分供应，以保持茎叶鲜嫩，确保扣膜前收割这刀韭菜的产量和质量。

92. 什么是冬韭菜破除休眠技术？

10 月份以后天气渐冷，让植株在田间自然枯死，使养分充分倒流回根部。清除田间枯草，若地已封冻，可适当覆盖予以解冻。把行间土清除，开沟露出韭菜小鳞茎进行冷刺激和日光照射，打破休眠。3～5 天后韭根变色，撒施细土杂肥并搂平，灌一次药治虫。浇透水，每 2 畦设置 1 个风障，畦上插弓形竹片，上面盖膜。盖草苫增温保温，白天保持 20℃～25℃。待植株长成后，通风换气，降湿防病。阴天时只要畦内温度不降低，要揭开草苫让韭菜接受散射光。

93. 韭菜秋后如何做到巧管理？

“立秋”肥水齐攻。韭菜喜欢凉爽气候，立秋后气温逐渐下降，昼夜温差大，此时要加强管理，以利于韭菜猛长，积累养分。先顺垄开沟，每667平方米施饼肥50千克，优质农家肥750千克，三元复合肥20千克。施肥后盖土，浇2次水。

“寒露”停水控长。寒露以后天气渐冷，韭菜生长缓慢，此时应停止浇水和追施肥料，使韭菜营养早回根茎，积累养分。

“霜降”架设风障，一障管两畦。霜降后在畦南侧前沿设一道向北倾斜1.3～1.5米的风障，以降低畦温，迫使韭菜早休眠，减少营养消耗。立冬覆盖后，将风障改为向南倾斜15°，使南畦成暖畦。

“立冬”覆盖管理。覆盖前清理畦内所有的枯叶杂物，割去枯韭，结合浇水每667平方米施尿素20千克。水下渗后搭小拱棚，覆盖薄膜草苫，每天上午9时揭开草苫，下午2时盖上，见阳光5小时左右，进行暗化处理。经3～5天，韭菜萌动后，揭开薄膜，用25%多菌灵可湿性粉剂1000倍液或40%三唑酮可湿性粉剂2000倍液喷雾，防止韭菜灰霉病。施药后分2～3次覆土，覆土总厚度为5～10厘米。韭菜出土后培根。11月下旬，韭菜长到35厘米时割第一刀，收后浇水施肥。

94. 韭菜根株培养利用的方式有哪几种？

韭菜根株培养利用的方式主要有以下3种。

(1)**移栽二年生根株**　头年播种育苗，第二年移栽，上冻后扣棚进行冬季生产。利用这种栽培方式生产青韭，根株壮，产量高，质量好，是生产上的主要栽培方式。

(2)**移栽多年生根株**　即将2年以上的植株移栽后进行冬季生产，每年冬季收获几茬后，进入春季生产，夏秋养根，上冻后扣棚进行冬季生产。连续生产4～5年后更新壮根。

(3)**当年移栽** 即当年早春播种，6月份移栽，当年冬季进行生产。这种栽培方式根苗较细弱，产量低，但由于育苗占地时间短，生产中也经常采用。

95. 大拱棚韭菜为什么要等休眠后才能扣膜?

韭菜耐寒且适应性广，这除与它本身的遗传特性有关外，主要是由于在其生长过程中，不断地把养分输送到鲜茎里贮藏起来，尤其是它的根茎也有贮藏养分的功能。当外界条件(主要是低温、高温、干旱)不适合其生长时，地上部即枯萎而进入休眠状态，遇到适宜条件即重新萌发生长。鳞茎和根茎贮存的养分越多，打破休眠后的长势越旺。拱棚扣韭菜就是利用这一特性，在夏秋韭菜旺盛生长季节不收割，使其积累较多的养分，入冬后韭菜进入休眠，撤掉防虫网后扣上棚膜，以提早打破休眠进入生长阶段。若韭菜不经过养分回流到根部就提早扣棚膜，韭菜生长势不强，收割一刀以后，长势变弱，最后还要进入休眠状态，很难获得高产。所以，对于一般的韭菜品种，不等韭菜休眠就扣棚，以求继续生长，是不容易实现的。

96. 大拱棚韭菜扣棚后怎样进行管理?

大拱棚韭菜一般在11月上中旬撤掉防虫网后扣棚。扣棚初期以提高棚温为主，夜间加盖草苫，防寒保温。并勤搂松表土、晒土增温，促进萌发。通过深搂表土达到破除土壤板结、保墒增地温的目的。如发现地蛆为害，可在搂土前灌药防治1次。扣棚15天以后，韭菜开始返青生长。返青之前应根据墒情浇1次透水。返青后开始培土，以后随着生长再培土1～2次，使韭菜根部达到8～10厘米高的小垄，以利于提高韭菜的产量和品质，增加韭白的长度。培土的时间应掌握在晴天下午韭苗没有露水时进行，韭苗壮可多培1次，反之则应少培1次。大拱棚韭菜的温度管理，白天保持18℃～20℃，夜间8℃～10℃，夜间不宜超过10℃和低于5℃。扣棚初期和收割后4～6天内，棚内温度可提高到30℃～32℃，促进韭苗萌发。韭苗萌发后开始逐步降温。进入12月份以后，要增加草苫等覆盖物，加强防寒保温，但中午超过25℃，还要适当打开天窗通风降温。在严寒季节，通风口不能过大，以开小口常通风为宜。春节过后，天气逐渐变暖，可根据天气情况，适当增加通风时间。

97. 扣棚后的韭菜温度如何控制?

扣棚初期，尽量提高地温以促进韭菜快萌发，其方法是在畦面覆盖地膜或薄膜，待韭苗高5厘米时揭除。韭菜萌发出苗后要降低温度，将白天棚内温度控制在17℃～28℃，夜间控制在10℃～12℃，创造韭菜生长的最佳温度，以促进韭菜生长。白天最高温度不能超过28℃，否则易造成叶细弱，品质差。含水量大，易腐烂。当温度超过28℃时，要及时通风换气，降低棚温。夜间温度可适当高些，以有利于防病。从第二茬起，除了割后要尽量提高温度促进韭菜出土外，生长期间的最高气温可比一茬期间高出3℃～5℃，较高温度有利于韭菜生长。但白天温度升高，夜间温度也应适当提高，使昼夜温差不超过15℃。当露地地温稳定在12℃～15℃时，及时撤掉棚膜，改为防虫网覆盖。

98. 大拱棚韭菜怎样进行通风管理?

韭菜生长中温度不宜过高，湿度不易过大。如湿度过大，特别是叶面凝有水滴时更易生病。温室的空气相对湿度以保持在70%～80%为好。遇到温度高、湿度大或有害气体积累时，要及时通风。韭菜通风一般不宜通底风，通风量也不宜过大，以防冷风冻伤造成烂叶。韭菜收割前4～5天要加大通风，收割后一般不通风。3 月上旬气温已高，加大通风量，可通底风排热气，并撤除防寒草苫。4 月上旬，室外温度及棚温继续增高，除进一步加强通风外，在收割第三茬韭菜后即拆除薄膜，换上防虫网，改为网室栽培。

99. 怎样收获韭菜？

当韭菜长到 5～6 个叶片，生长已经比较充分，叶片宽而长，假茎既粗又圆，向地下部输送的养分也比较多，这时可进行收获。一般从覆盖到第一刀需 30 天左右。割韭菜要选晴暖天气早晨进行，叶片带露水，割后立即捆成 400～500 克的小把，装入衬有薄膜的箱中或筐中，装满包严，运到销售地点仍能保持新鲜不萎蔫。第一刀收割后，要施适量的有机细肥，并将畦面搂平。此时大棚不要通风，以提高棚温。当第二刀韭菜出土后由黄转绿时再培垄、灌水和通风。从第一刀收后，经 25 天左右割第二刀；第二刀割后再过 30 天左右割第三刀。割第三刀后不能再割了。此时韭菜根茎和小鳞茎中的养分已大量消耗，韭苗长势极弱，应将畦内的培土起出，加强肥水管理，促其慢慢恢复生长。

100. 收割韭菜应掌握什么原则？

合理收割韭菜，不仅可以提高产量，保证品质，而且可以延长韭菜寿命。一年中韭菜可收割 5～6 刀。春天可间隔 39～40 天收割 1 次，以植株能长出 7～9 片叶片为收割标准。从 3 月中旬萌芽至 6 月下旬可收割 3 刀。夏季间隔时间宜长，多不收割。8 月上中旬和 9 月中下旬可再割两刀。秋季最后一刀不宜过晚，以便植株再长出叶片制造充足的养分向根茎回流贮藏，从而为冬季全面提高产量打下基础。收割时割茬不宜过深，尤其不能割伤鳞茎，刀面要齐，割的时候不能忽深忽浅。农谚说“抬刀一寸，等于多上一次粪”，“手压刀一把，收韭少两把”，说明了适当浅割有利于韭株萌发，如果压刀深割将破坏韭菜分蘖，使韭菜生长势降低，导致韭株分蘖减少和变细而降低产量。韭菜收割间隔时间的长短，应视植株长势和天气情况而定。春韭收割的间隔时间随着温度的升高而缩短，第一刀由返青到收割约需 40 天，第二刀需 25～30 天，第三刀需 20 多天。如肥水不足，每茬生长的天数就会拉长。如收割日数间隔过短，鳞茎内无多余养分贮存，就会影响后一刀的产量。韭菜在清晨收割最好，因为经过一夜的生长，品质特别鲜嫩。午后一般不收割韭菜。

101. 韭菜的收割应注意哪些要点?

韭菜再生力强，生长快，一年可多次收割。但为了年年高产，防止早衰，收割的次数应适当控制，处理好收割和养根、前刀和后刀、当年和翌年产量的关系，以确保植株生长健壮，连年高产，延长寿命。

韭菜每年的收割次数应根据植株长势、土壤肥力及市场需求而定。韭菜的越冬能力和翌年长势，与冬前植株积累养分的多少密切相关。当年生的韭菜不宜收割，应让养分回根。如果为了当年收益盲目收割，势必影响韭株的越冬和来年生产。山东省潍坊地区青韭一般可周年采收，但应以收春韭为主。春韭碧绿鲜嫩，品质优良，可在春淡期间上市。一般可收割 3～4 次。炎夏时韭菜品质差，一般只收韭菜花，但如果用遮阳网等覆盖栽培，可促进生长，改善品质，可继续采收。秋季气候渐凉，适宜韭菜生长，青韭可收割 2～3 次，但如果冬季生产韭黄，则要少收割，以利于根茎贮藏养分。冬季主要是利用秋季延迟收割的青韭在霜冻、冰雪天气来临之前采用薄膜、遮阳网等覆盖防冻，供冬季采收上市。韭菜收割的间隔天数根据植株长势和当时天气确定。一般越冬韭菜开春后 20 天左右即可割第一刀，第二刀间隔 25～30 天，第三刀间隔 20～25 天，以株高达 30 厘米、植株长到 7 叶 1 心时采收为宜。过早收割易早衰，产量低；过晚收易倒伏。如肥水不足，每茬生长天数将会延长。

韭菜应在清晨收割为好，避免在炎热的中午和阴雨天收割，以保持产品鲜嫩。每次收割后应及时在割口上覆盖一层 4～5 厘米厚的湿润草木灰或砻糠灰，以有利于后茬生长，尤其在夏季或阴雨天更要注意。收割方法不当可影响当茬产量、叶片生长和下一茬的产量。应从鳞茎上 3～4 厘米、在米黄色的叶鞘处下刀为宜，切忌伤及"葫芦"(即鳞茎)。下刀过高会降低产量，下刀过低会伤鳞茎，影响植株分蘖和以后产量。每刀留茬应较上刀高出 1 厘米左右，以有利于下一茬的生长。韭菜的收获量，定植后 1～2 年较低，定植 3～5 年以后转衰，如管理得好，则可多年不衰，从而延长高产的年份。

102. 保护地韭菜停割后怎样管理?

保护地韭菜一般在清明前后停止收割，停割后要加强管理，促进根茎肥壮，这是确保冬季丰产的关键。

(1)春季管理

①重施土杂肥　韭菜有年年向地表"跳根"的特性，新根系与鳞茎逐渐向地表生长。因此，春季停割 1～2 天内，趁韭菜未长高和畦土潮湿的有利时机，将畦土锄松、拍细，随后每 667 平方米施土杂肥 15000 千克，搂平地面，不要浇水，以防止土壤板结，让韭菜慢慢生长。如无土杂肥，可在畦面覆土 1～2 厘米厚，以利于韭菜"跳根"。

②控制浇水　春季韭菜施肥，一般不浇水，若天气干旱可在苗高 10 厘米时浇水，不要随水追肥，尤其不追速效氮肥，浇后划锄保墒。

③防治虫害　春季停割的韭菜一般无病害，但此时却是韭蛆的盛发期。故从 3 月下旬至 4 月底要抓紧防治。韭菜停割后 1～2 天内，顺垄灌药或撒施毒土。

(2)夏季管理　对多年生的韭菜要严格控制浇水。一般在

5～6 月份仅浇 1～2 次水。进入雨季后要注意排水防涝。伏雨到来之前，一般 6 月中下旬要将韭菜架离地面。若用铁丝竹竿搭架，要东西方向顺畦拉紧 6 根铁丝，铁丝间隔 40 厘米，离地面 30～40 厘米。将竹竿按南北方向顺垄放在铁丝上面。每两垄韭菜之间放一根细竹竿，并将其固定在铁丝上。若用棉花秆或树枝搭架，应在浇水以后趁湿插于两垄韭菜之间。每间隔 10 天左右喷 1 次 50% 辛硫磷乳油 1000 倍加 50%多菌灵可湿性粉剂 50 倍的混合液，预防病虫害发生。除韭菜留种田外，都要打去韭薹，以利于促进韭菜根茎肥壮。

对当年直播或育苗移栽的韭菜，要间隔 30～50 天，每 667 平方米喷施 33%二甲戊灵乳油 100 毫升防治杂草。在韭叶封垄后，趁秋季施肥浇水时，将韭菜架好。

(3)**秋季管理**　立秋至秋分要重施肥水，促其旺盛生长。立秋前后，667 平方米施 1 次优质粪干 1000～1500 千克，或豆饼 500 千克，或磷酸二铵 40～50 千克，硫酸锌 2～3 千克，间隔 5～7 天浇 1 次水，连浇 2～3 次。从处暑至秋分每 667 平方米分 3 次随水追施硝酸铵 45 千克，单独追施草木灰 100～150 千克。从寒露前 5 天开始，停止浇水施肥，利用干旱强行控制韭菜的贪青生长，迫使营养加速向鳞茎和根系回流。同时，加强病虫害防治措施，随时清除田间杂草。

103. 撤棚后的韭菜夏秋季怎样养根？

大棚韭菜经过冬春季节 3～4 茬收割后，植株体内贮存的营养物质已经耗尽，韭菜生长瘦弱，此期间的管理任务是加强田间管理，培养健壮根株，直至冬初回根前不进行收割，使之贮存大量营养物质，为冬季扣膜后的优质高产奠定良好的基础。其管理措施如下。

(1)**肥水管理**　进入夏季后，气温逐渐升高，韭菜生长速度加快，需水肥也多，这时应结合培土每667平方米施优质有机肥5000千克或追施腐熟人粪尿2000千克，追肥后应及时浇水。秋季是韭菜根株贮存养分以养好根的主要阶段。从秋季9月中旬到扣棚之前，要追施化肥3次，每次每667平方米追施硫酸铵25千克，再追2～3次腐熟人、畜粪尿，追肥后及时浇水。韭菜喜肥耐肥，需氮肥多，磷、钾肥亦不可少，追肥时应将化肥与有机肥配合施用，使之养分充足，为高产打好基础。因此，追肥时要化肥、有机肥间隔施用，粪水、清水交替浇灌，促使韭菜根株健壮生长。追施化肥时应在叶面无露滴时施用，以免化肥黏附于叶面引起烧伤。当旬平均气温降至5℃～10℃时，应暂停灌水。土壤冻融交替时要灌足封冻水，促使韭菜回根休眠。

(2)注意排水防涝、清除杂草 夏季高温多雨，一般不需要浇水，严重干旱时可轻浇水，并进行适当中耕，清除田间杂草，增加土壤通透性，以恢复韭菜长势。

(3)打花薹，摘除黄叶、烂叶 韭菜从7月下旬至8月中旬抽薹开花结实，将消耗大量营养物质，故此在韭菜养根期间，应在抽薹后将花薹掰掉上市，以减少养分消耗，促进植株的生长发育和营养物质的积累。韭菜花期长，花薹陆续抽出，应连续打薹不可中断，直至打完为止。韭菜夏、秋季生长快，基部老叶、黄叶易造成韭菜植株通风、透光不良，尤其在连阴天时下部叶片极易腐烂，因此要及早清除下部的黄叶、烂叶，改善通风透光条件。经过夏、秋季田间管理，充分养好的韭菜根应该是“韭葫”肥大而坚实。

104. 韭菜无公害种植的需肥特性怎样？

(1)根系的吸肥特性 韭菜为弦线状须根，着生于茎盘的基部和四周，侧根少而细，多无二级侧根，根毛也很少，根群主要分布在20厘米表土层中，吸肥水能力弱，抗寒耐旱，但高湿条件下易腐烂。韭菜寿命较长，一般2年后逐渐死亡。韭根除具有吸收机能外，还有贮存营养的功能。韭菜在土壤肥沃、养分充足、保肥保水功能强的土壤中生长发育良好；在漏水漏肥的沙质土壤上应多施有机肥，提高土壤肥力，使其成为栽培韭菜的适宜土壤，特别适于培育囤用韭根。韭菜对盐碱土有一定的适应能力，但其适宜的土壤 pH 为 6.0～7.5，含盐量不得高于 0.2%。

(2)**韭菜的需肥动态**　韭菜的耐肥性很强，要获得优质高产的韭菜产品，必须保证肥料供应，特别要注意增施充分腐熟的有机肥。韭菜不同生育期的需肥量不同；幼苗期生长量小、耗肥量少，根系吸收能力弱，除施足基肥外，应分期追施速效性的肥料；2～4 年生韭菜生长旺盛，分蘖力强，产量也高，需肥量也大，尤其在春、秋收割季节，更是需肥的高峰期；5 年生以上的韭菜，营养生长的高峰期已过，逐渐进入衰老期，为了防止早衰，维持高产年限，仍需增施肥料。

韭菜以施氮肥为主，同时应配合施用适量的磷、钾肥。如氮肥充足，韭菜叶厚鲜嫩；配合以适量磷、钾肥，可促进其糖分的合成和运输，从而增加产量，提高品质。

在韭菜生产中，应注意协调好地下部和地上部的关系，使地上部不断分蘖，地下部不断增生新根，使植株的吸收器官和同化器官始终保持旺盛的生命力。同时，还要统一好养根和收割的矛盾。养根是为了增加营养物质的积累，延长寿命，增强长势，稳产高产，收割是栽培的目的。但收割次数多，留茬太低或过早收割，易引起营养物质过量损耗，导致早衰减产。所以，在栽培管理上，应加强肥水管理，促进营养生长和碳水化合物的积累，控制收割次数。

105. 在韭菜栽培中如何应用微肥和激素？

(1)**赤霉素**　是一种生长促进剂，能使细胞明显伸长，使韭菜的生长速度明显加快，以致出现叶片下披状。喷施赤霉素应在收割前 15 天左右、韭菜为 20 厘米高时进行。一般对赤霉素先用适量白酒溶解，再对水。如标明用水溶解的可直接用水溶解。溶解后的溶液不易长期存放，宜现配现用，一般可增产10%～20%。

(2)**叶面肥** 属多效植物生长调节促进剂，韭菜一般从秋管养根开始喷用，每15天左右喷1次。在韭菜生长期也可喷用。其效果是株高增长，叶数增加，叶色深绿，单株鲜重增加，每667平方米可增产10%左右。

(3)**光呼吸抑制剂** 用以降低光呼吸强度，抑制光呼吸消耗，增加有效积累，从而增加产量。一般在韭菜10厘米高时开始喷用，7天左右再喷1次。要注意控制用药量，防止出现不良后果。配药时先用60℃温水溶化，然后再按比例对水。为提高光呼吸抑制剂的使用效果，可掺入适量的尿素、磷酸二氢钾等，随配随用。

(4)**光合促进剂** 这是一种新型植物生长调节剂，可提高韭菜光合效率，增加光合产量，一般增产20%～30%。可作叶面喷洒。

(5)**白糖尿素混合液** 每667平方米韭菜地每次用白糖500克、尿素200克对水50升喷用，可促进叶色变深，产量提高。

(6)**磷酸二氢钾** 从韭菜苗期就可以开始喷用，对弱苗有明显的促进作用，其他时期喷用效果也很好，喷用浓度为500倍液。该肥剂可与其他药剂混用。

上述微肥激素不一定都用，如果把多种生长激素掺和到一起喷用，有时会带来抑制生长的后果，要根据韭菜的长势和生产需要酌情使用。

106. 冬季韭菜浇水后应注意什么问题？

冬季日光温室韭菜浇水后，往往造成日光温室内地温低、湿度大，致使韭菜生长不良，病害多发。因此，冬季日光温室韭菜浇水后，应加强管理，创造一个韭菜生长适宜的环境，以保证韭菜正常生长，主要应注意做到以下几点：

(1)**提高棚温** 冬季日光温室韭菜浇水后，应关闭通风口，以提高棚内的温度，使棚温比平时高2℃～3℃，以气温升高促地温回升，从而促进韭菜正常生长。

(2)排湿 日光温室韭菜浇水后，应做好棚内排湿工作。其中提温就是一项有效的降低棚内湿度的好办法。可于浇水后，关闭日光温室通风口，在日光温室提温的过程中，棚内的湿度也会相应地降低，待棚温升高后，再逐渐打开通风口，进一步通风排湿。

(3)防止棚膜结露 韭菜浇水后，棚内湿气较大，棚膜很容易结露而影响日光温室的透光率。可向棚膜上喷用消雾剂或豆面水，消雾效果较好。

(4)施药时注意选用烟雾剂或粉尘剂 日光温室韭菜浇水后棚内湿度本就很大，此时若再喷施药液，会增加棚内的湿度。因此，韭菜浇水后1～2天内，应尽量避免用药，必须用药时最好选用粉尘剂或烟雾剂。

(5)随浇水冲施肥时要注意防止气害 菜农追肥往往配合浇水进行，在菜农追施的肥料中，其中有很多含氮量过高的肥料。这些肥料在冲施后会产生氨气，在冬季日光温室密闭的情况下，极易熏坏韭菜。因此，在冲肥后日光温室一定要注意适当通风，把有害气体排出棚外。另外，在选择冲施肥时一定要选择含氮量较低的肥料，严寒阶段可停用这类肥料，以避免发生气害。

107. 为什么说冬季浇水不可多亦不可无？

在不同的温室韭菜种植区，对冬季浇水的认识不同。多数地区菜农在冬季提倡控制浇水量和浇水次数。但是任何事情都要有个度，过犹不及。例如，有些温室韭菜种植区就有温室韭菜长时间不浇水的传统，造成韭菜生长停止，产量降低。

确实，冬季浇水容易造成一些问题，如浇水时水温低，水量大，造成温室内地温降低，根系受害，吸水吸肥能力降低甚至停止；浇水使空气湿度增大，棚膜结露增多，光照减弱，病原菌容易侵染，病害发生严重。这是问题的一面,还应注意到问题的另一面,即水分是韭菜生长的基础,不浇水也就不可能有产量,恰当的浇水是必要的。

冬季浇水量主要受韭菜需水量、棚温高低等影响。冬季地温较低时,浇水应掌握“看天、看地、量小”的原则,以减少浇水对地温和空气湿度的不利影响。

“看天”,是指浇水前要看天气、时间。晴天浇水,阴天尽量不浇,雪天切忌浇水。浇水当天及以后的几天内必须是晴天,浇水时间最好选在晴天上午进行,此时水温与地温比较接近,浇水后根系受伤害小。浇水后,关小甚至关闭通风口,使温度达到并稳定在32℃以上并持续1～3个小时,提高温室内温度,以气温促地温,待地温上升后,及时通风排湿。午后浇水,会使地温骤变,影响根系活性,气温高、地温低会造成韭菜生长不协调。

“看地”,是看土壤的含水量是否满足韭菜的需要。韭菜生长需水量大,土壤不能过干,土壤相对含水量最好不低于70%。而在冬季可适当延长浇水间隔,在土壤相对含水量低于65%时再浇水。土壤相对含水量70%的标准是:土壤手握成团,落地自然散开。

“量小”,是指每次浇水量要小。冬季温度低,蒸发量小,韭菜需水量也小,故浇水次数要少、浇水量要小。一般情况下,浇水均为隔行浇小水,切忌大水漫灌,每次浇水量只有夏季浇水量的1/3至1/2,大概的浇水量可通过浇水时间掌握。

108. 韭菜秋延迟栽培有哪几种方式?

韭菜的秋延迟栽培有两种方式:一是利用根茎休眠的品种,在其进入休眠前,建保护设施,使其继续生长;二是利用整株休眠或假茎休眠的品种,它们度过休眠期需要的温度较高,在严霜到来前即应建好保护设施,使其继续生长。

(1)根茎休眠韭菜秋延迟栽培时间　根茎休眠韭菜，如汉中冬韭、寿光马蔺韭、大金钩等北方当地品种，大多在当地初霜来临后、严霜来临前进入休眠期。因此，应在严霜来临前进行保护栽培，推迟其休眠期，让其继续生长。山东省一般在10月下旬开始扣塑料薄膜，通常只收割1次即撤除覆盖物，使其停止生长，进入休眠期。有的地方继续进行覆盖管理，进行越冬栽培。但第二、第三刀产量很低，一般不采用。第一刀的收割期为11月下旬至12月上旬，第二刀在12月底收割供应元旦市场。

这种秋延迟栽培的韭菜的经济效益不高，加上栽培期在初冬，外界气温不是很低，保护设施利用时间又短，所以一般不利用投资较多、保温性能较好的设施。各地多采用塑料小棚、中棚上覆盖草苫的办法。

(2)整株休眠或假茎休眠韭菜秋延迟栽培时间　整株休眠韭菜，如犀浦韭菜、嘉选1号等；假茎休眠韭菜，如河南791雪韭、杭州雪韭等。这类韭菜通过休眠期需10℃左右气温，10天左右即可通过，外观上表现休眠期不明显。在华北地区，10月下旬即已通过休眠期，或接近通过休眠期。进行秋延迟栽培时，可于10月中下旬扣塑料薄膜，开始保护栽培。以后每25～30天收割1次，共收割3～4刀，从初冬一直供应到春节后。

这种栽培方式的上市期从初冬到春节前后，经济效益较高，产量也高，加上正值寒冬低温时期，需要保温性能较好的保护设施。在山东省一般用保温性能稍差的日光温室，如风障阳畦，塑料中、小棚和改良阳畦等。

109. 如何选择秋延迟栽培韭菜品种？

利用整株休眠或假茎休眠的品种，进行秋延迟栽培和越冬栽培连续在一起时，需要的保护设施良好，投资较高，经济效益也高。因此需选择抗病、耐低温、丰产、品质好的品种，其休眠期越短，通过休眠期所需的温度越高越好。目前在北方常用的品种有犀浦韭菜、杭州雪韭、嘉选1号等。

利用根茎休眠的品种进行秋延迟栽培时，需要耐低温、品质好、产量高的品种。目前常用的有汉中冬韭以及各地常用的地方品种。

110. 秋冬季节如何采用温室连续生产韭菜？

(1)品种选择与播种期 在品种选择上必须选用嘉兴白根(雪韭)或河南791雪韭。其他品种很不适宜。这两个品种秋季休眠时间很短，叶片也不需干枯，可以从秋到冬连续生产韭菜。若用该品种作扣冻根韭菜，即地上部干枯，进入冬季，则会大量死苗，生产中已出现了许多这种现象。这是由于农民对这两个品种不能露地越冬认识不清。但是这两个品种却很适合秋冬连续生产。播种期为7月上中旬。嘉兴白根每667平方米用种量为4～5千克，河南791雪韭每667平方米用种量为3.5～4千克，如晚播需增加播种量1千克。实行育苗移栽时播种量要减少1千克。

(2)播种移栽方法 每667平方米施优质农家肥4立方米、磷酸二铵10千克、硫酸钾肥7千克，需深翻细耙。按35厘米行距做垄，以东西延长为宜。踩实垄台垄沟，用四齿耙子划平垄沟宽10厘米，种子撒在沟里，用新笤帚扫覆土1厘米踩实，浇透水，其上覆盖秫秸或稻草等。除采用上述直播方法外，也可采用育苗移栽，育苗移栽苗子整齐，并可节省一些种子。每667平方米温室需10平方米育苗畦20个，每畦播种量0.15～0.2千克。每667平方米保苗50万株。育苗畦应采用平畦，条播便于铲苗移栽。当幼苗具有3～4片叶时移栽，栽苗前1～2天浇水。栽苗时用片刀按6～7厘米铲苗，装入平底土篮，运到生产地块，按每撮苗6厘米间距平放于垄沟内，栽完灌水，使垄帮浮土下沉，埋住根系，这样既保持苗深浅一致，又不至于埋土过深而影响缓苗。

(3)**养根期间的管理**　为促进向根系输运养分,促进分蘖,夏秋之际不宜收割。肥水管理、松土培垄应及时进行。叶片生长过旺时,为了防止倒伏引起发病,可在叶鞘上 8～10 厘米处割下叶片,并适当控制土壤水分,避免徒长。雨季注意排涝。立秋之后,天气凉爽,雨季已过,追施粪尿或磷酸二铵 20 千克。结合培垄加强水分管理,保持地面见干见湿。

(4)**建温室、收割及其管理**　必须在初霜前筑好山墙、后墙上完后坡,安装好前屋面拱架。在 10 月上旬扣上薄膜。根据市场需要可提前收割一刀韭菜,萌发后覆盖薄膜,也可以收获前立即覆盖薄膜。覆膜初期外温较高,必须加强通风,防止徒长,不但前底脚要揭开,还要在后墙后坡开通风口,昼夜通对流风。白天不超过 25℃,夜间不超过 10℃。尽量保持室温不低于 5℃。夜间室内温度达 5℃时要覆盖草苫、纸被。使韭菜正常生长,防止病害发生。不论直播或育苗移栽,夏秋未经过收割的韭菜枯萎老叶包裹着假茎,收割后影响产品外观。可利用收割前 20 余天结合追肥灌水,高培土使其烂掉,或收割捆把后,把假茎部沾水撸掉。要赶在国庆节、元旦和春节收割。每次收割都不宜太深,最好在根系(鳞茎)上 5 厘米处下刀。最后一次收割后就刨掉韭根,定植果菜类,所以应尽量深割。收割时还要注意市场需求,与短期贮藏相配合。

111. 什么是温室扣冻根韭菜生产?

(1)**促进提早休眠**　温室扣冻根韭菜必须经干枯休眠后才能覆盖前屋面薄膜,但是筑起东西山墙、后墙,上完后坡,局部小气候条件较好,势必使韭菜进入休眠期延迟,很难达到提早上市的目的。如果等韭菜进入休眠后再建温室,土地已封冻,既费工又不便于操作。因此,最好的办法是在温室前底脚外侧夹一道临时风障,风障上端向北倾斜,遮断太阳光,可使地面提早封冻。用耙子搂去干枯叶,促进韭菜提早进入休眠。

(2)覆盖温室薄膜及管理 于11月中下旬拆掉风障，把韭菜枯叶清除干净。选无风天中午覆盖薄膜，夜间盖纸被和草苫保温。

地面化冻8～10厘米深时，用铁耙子横垄扒土深8～10厘米，即扒开垄台晒土，以促进打破休眠，为尽早恢复生长打下基础；还露出根蛆主要藏身部位，有利于施药提高触杀效果；又能提高根际温度，改善行上土壤疏松程度，有利于韭菜萌发出土，可在根系周围灌75%辛硫磷乳油500倍液或90%敌百虫晶体600倍液预防根蛆。最好在地面普撒一层充分腐熟的牛马粪、土杂肥等，有利于提高地温。

韭菜即将出苗时用耙子搂平地面。出苗后，白天超过25℃时，从温室顶部通风，降至20℃以下时闭风。韭菜植株超过10厘米时培垄，20厘米时再培1次垄。当植株高为15厘米左右时，在垄里追化肥、灌水。

(3)收割期管理 一般收割期应赶在春节期，即1月下旬左右。这样第一刀收割前正处于外温低的严寒季节，一般不通风或很少通风的特点。在第一刀收割前2～3天再追肥浇水，在此之前不追肥浇水。每667平方米追硝酸铵30千克或尿素15～20千克，撒施于沟内。追肥要选晴天，防止撒到叶片上，追完肥应立即灌水。第一刀收割后，用耙子搂平地面，当韭菜长到10厘米、20厘米时分别进行一次培土。

第二刀韭菜生长期间外温已升高，应适当通风，由于通风的加大使土壤水分蒸发快，在旺盛生长期需灌1次水，收割前4～5天追肥灌水，追肥数量可参照第一次追肥。

温室韭菜多数是下茬定植黄瓜、番茄、茄子、辣椒等果菜类。根据定植期不同，有的割完三刀后刨除韭根，再整地定植果实蔬菜。也有的选在韭菜收割两刀后再定植到垄沟里，与第三刀韭菜共生一段时间，待韭菜收割完第三刀后刨出韭根重新做垄畦。

112. 日光温室雪韭栽培技术有哪些要点？

冬季棚栽韭菜有两大类：一类是普通韭菜，它是地封冻后韭叶枯黄回根后扣棚，扣棚后长出新叶片，也叫回根韭菜。在新年前至春节后上市。另一类是雪韭，它是早霜前扣棚，韭叶不用回根能连续生长。霜后回根韭菜不能生长时，雪韭收割上市，直至新年前，正好填补市场上这一时期韭菜的空缺。棚栽雪韭周期短、产量高、效益好，近年来发展较快。雪韭有抗低温、生长快、不回根等特性，栽培时应采取以下几项技术措施，才能取得成功。

(1)**选用品种**　目前雪韭主要品种有寒青韭霸、河南 791 雪韭、雪韭 4 号等。从多年的生产实践看，以上品种有抗低温、高产、品质好、叶宽等优点，深受群众欢迎。

(2)**播种期和播种量**　棚栽雪韭分育苗移栽和直播两种。育苗移栽韭菜质量好、产量高、效益好，其播种期是在早春土层化冻 10 厘米时，栽 100 平方米面积需发芽率 85%以上的种子 0.2 千克。直播是在冬春茬棚菜拉秧后，栽 100 平方米需种子 0.3 千克。

(3)**施肥整地做垄**　育苗田在播种前每 100 平方米撒施腐熟农肥 1 立方米，尿素和磷酸二铵各 2 千克，施后翻地、耙细、做床，使粪土充分混合。移栽或直播，每 100 平方米撒施腐熟农家肥 1～1.5 立方米，尿素、磷酸二铵和硫酸钾各 3～4 千克。施肥后翻地、耙细做成宽 0.6 米、高 0.2～0.3 米的垄，准备移栽或直播。高垄是棚栽雪韭防止病害夺取高产的重要一环。

(4)**移栽或直播**　移栽或直播的适期是冬春茬棚菜拉秧后。移栽是每垄台上可栽 2～3 行，行穴距均为 10 厘米；起苗后可将散叶剪去，只留 4～5 厘米假茎。每穴栽壮苗 10 株左右，弱苗 12～14 株。栽苗沟内不准施肥（尤其严禁施化肥），以防止肥料烧根。栽后浇水培垄。直播是在做好的垄顶上开沟穴播，穴行距为 10 厘米，每穴播种 18～20 粒，覆土厚 1～1.5 厘米。播后保持土壤湿润，注意雨天排水，及时拔除杂草，也可播后或移栽前喷洒地乐安或二甲戊灵等，消灭杂草。

(5)盖棚膜保温 雪韭不遇低温不回根，盖膜后能直接生长。所以必须在初霜期前5～10天盖上棚膜，严防霜冻，但初盖棚膜不必盖严，棚前掀起、以便于通风。进入霜冻期后，随气温下降，再逐渐盖严。当棚内温度低于10℃以下时要及时盖草苫保温。到地封冻后，棚内最低温度达到2℃～3℃时，再在棚内用棚膜搭盖2～3米宽、0.5～1米高的小拱棚。当进入冬至数九后(12月22日)夜间小拱棚内温度低到3℃～5℃时，夜间在小拱棚上再加盖纸被或其他保温材料。这样保温而不用任何加温设备，雪韭就可以在严寒的冬季正常生长。

(6)管理及收获 盖棚膜前土壤干旱时，可沟浇一次水，同时每沟随水追尿素50～70克(注意不能追硫酸铵，防止土壤酸化使韭菜黄尖)，国庆节前后可收割第一刀韭菜，注意一定要边割边喷洒1次50%腐霉利可湿性粉剂或25%甲霜灵可湿性粉剂1000倍液封住伤口，预防灰霉病的发生。以后白天棚温达到24℃以上时，要及时通风降温排湿，防止灰霉病和疫病的发生。夜间最低温度不能低于2℃。棚内相对湿度要控制在70%以下，在每割1刀韭菜前后7～10天都要沟灌1次水，并随水每沟追施尿素50～70克，每隔25～35天可收割1刀，到春节前可割3～4刀。每平方米可收割4～5千克，每667平方米产值可达6000元左右。在割完第一刀韭菜后，马上顺垄盖上地膜，2～5天后在每穴韭菜苗上用小刀或竹签割成3～4厘米十字口，这样既能防止灰霉病的发生，也能增加地温，保持土壤水分，降低棚内湿度，非常有利于韭菜生长。

113. 怎样进行日光温室冬春茬韭菜栽培?

(1)品种选择 日光温室韭菜冬春茬栽培宜选用品质好、叶宽、直立性强、耐低温弱光、休眠期居中的品种。一般选用汉中冬韭和河南791雪韭等品种。这些品种休眠时间短、生长旺盛、耐寒力强，低温下生长速度较快。扣棚后第一至第二刀产量比较高，适合保护地栽培。

(2)**根株培养** 日光温室韭菜栽培，其根株培养非常关键。养根有育苗移栽养根和直播养根两种方法，但一般多采取育苗移栽的办法。因为育苗移栽能够给植株提供均等的营养面积，植株均匀一致，同时也便于合理密植，这是韭菜高产稳产的关键。

①育苗移栽 育苗床宜选择富含有机质的肥沃土壤。一是整地做畦，适期播种。每667平方米施有机肥5000千克、磷酸二铵20千克作基肥，精细整地，使土壤与肥料充分混合，而后做畦。3月下旬至4月上旬播种，每平方米播种量为10～15克，将种子均匀撒于畦面，覆土厚0.5～1厘米，而后用脚踩一遍，使种子与土密切接触。幼苗出土前保持土壤湿润，以利于出苗。幼苗期加强管理，及时除草，当株高达18～20厘米时即可移栽。二是移栽及田间管理。结合整地每667平方米施入优质圈粪5000千克、过磷酸钙200千克，做成垄畦或平畦。为使韭菜根系分布均匀，以利于分蘖，垄栽时最好栽成小长条，而不栽成撮；垄距33厘米，一垄栽2行，小行距7厘米，埯距10厘米，每埯15株。畦栽行距13～20厘米，埯距10～15厘米，每埯6～10株。栽植深度以不超过叶鞘为宜。定植后的管理以促进缓苗为主。立秋后是最适宜韭菜生长的旺盛季节，也是肥水管理的关键时期。此期应加强肥水管理，每隔5～7天浇1次水，结合浇水，追施速效性氮肥2～3次，每667平方米施尿素10千克，促进植株生长，为根茎的膨大和根系的生长奠定物质基础。保护地韭菜产量的高低主要取决于冬前植株物质积累的多少。

②直播 养根如采用直播法应尽量早播，一般于3月下旬至4月上旬播种，整好地后做成1～1.2米宽的平畦，开4～5条沟，

然后用砖将沟搓平，每平方米播种量为 6～8 克。

(3)冬春季管理

①扣棚　冬春茬生产可在土壤封冻前浇好冻水，扣棚前清除枯叶杂草，11 月中下旬扣棚。扣棚后加强保温，加盖草苫等。

②温度管理　初期温度不能过高，应该逐步升高，通过中耕培土提高地温和增加假茎高度。白天温室温度控制在 18℃～28℃，夜间控制在 8℃～12℃，最低不能低于 5℃。韭菜在高温高湿的环境条件下易徒长、烂尖，诱发灰霉病的发生，超过 27℃必须通风排湿，因此在温度管理上要防止温差过大。

③湿度管理　通风换气是调节室内温湿度，排除有害气体，以利于韭菜生长的重要措施之一，还可以提高韭菜品质，减少病害发生。头刀韭菜收获前 4～5 天适当通风，收割后闷棚升温，以利于韭菜伤口愈合。韭叶长至 9～12 厘米时，温室内超过 27℃就要通风，每次浇水后要适时通风，使室内空气相对湿度控制在 80%以下，防止灰霉病发生。

④水分管理　塑料温室保湿性强，一般割头刀韭菜前不浇水，待第二刀收割前 4～5 天浇水，浇水量根据棚内温度确定，温度高时水量可大些，反之则小些。浇水要在晴天上午进行。

⑤施肥　头刀韭菜收获后，每次浇水时追一次化肥，每 667 平方米施氮肥 10 千克，追肥后及时通风以排除氨气，以免韭叶脱水、烂尖。

(4)收获　韭菜长至 30 厘米时即可收获。收割时留茬高度必须适当，留茬过浅影响产量和品质，留茬过深损伤根茎，影响下一刀韭菜和整个植株长势，以刚割到鳞茎上 3～4 厘米黄色叶鞘处为宜。

114. 日光温室韭菜施草木灰有什么好处?

(1)增产　草木灰是良好的水溶性速效钾肥，它含钾、钙最多，含磷次之，还含有少量的镁、铁等多种元素。施用草木灰有利于韭菜发根、分蘖，使韭菜茎生长粗壮，叶色深绿、发亮，韭菜品质好，产量高。

(2)降湿 贮藏好的草木灰撒施后，吸水量大，能迅速降低土壤含水量，减少室内空气湿度，控制病菌传播。

(3)保湿 草木灰不仅能降湿，而且还能保温保湿，撒施后能保持韭畦表土湿润，且能提高地温，使温室内韭菜的根部免受冻害，可促进韭菜生长。

(4)杀菌 温室里的韭菜主要病害是灰霉病。感染此病的病菌主要以菌核在土壤中潜伏，当温、湿度适合时就会发病。撒施草木灰可起到抑制病菌的良好作用，降低灰霉病的发病率。

(5)灭蛆 根蛆是蝇类的幼虫，是韭菜的主要害虫。成虫喜欢在未腐熟的有机肥上产卵，撒施草木灰后，可使成虫无处产卵，起到灭蛆的作用。

115. 日光温室韭菜怎样增施二氧化碳？

由于日光温室处于密闭环境下，随着韭菜的生长，空气中二氧化碳含量减少，抑制了光合作用的进行，同化量减少，产量难以提高。在日光温室韭菜生产中增加二氧化碳浓度，可增加同化量，提高光能利用率，有利于促进产量的提高。在日光温室韭菜生产中施用二氧化碳一般增产幅度在20%左右。因此，每天在日出后应揭去草苫，通风前增施二氧化碳，其浓度掌握在0.1%左右，以促进产量的提高。日光温室韭菜增施二氧化碳的方法：增施有机肥料，通过有机肥料分解放出二氧化碳；在每天高温时间通风换气，提高日光温室内空气中二氧化碳的浓度；采用石灰石与盐酸反应或碳酸氢铵与硫酸反应释放二氧化碳，增加日光温室内二氧化碳的浓度，配植食用菌，让其为韭菜提供二氧化碳等。

116. 日光温室韭菜为什么要提倡叶面追肥？主要有哪些适宜的叶面肥？

(1)韭菜采用叶面追肥的好处 叶面追肥作为韭菜施肥的一种常用方法，具有许多独特的优点：①叶面追肥可使韭菜通过叶部直接得到有效养分，而采用根部追肥时，某些养分常因易被土壤固定而降低植株对它们的利用率。②叶部养分吸收转化的速度比根部快。以尿素为例，根部追施4～5天才能见效，叶面喷施当天即可见效。③叶面追肥可以促进根部对养分的吸收，提高根部施肥的效果。④叶面喷施某些营养元素后，能调节酶的活性，促进叶绿素的形成，使光合作用增强，有利于改善品质，提高产量。总之，叶面追肥是一种成本低、见效快、方法简便、易于推广的施肥方法。

(2)适合作叶面追肥的肥料种类 适合作叶面追施的肥料通常称为叶肥、叶面肥或叶面营养液。按其成分可以分为氮肥、磷肥、钾肥、磷钾复合肥、氮磷钾复合肥、微肥、稀土微肥以及加入植物生长调节剂的叶面肥料等；韭菜上常用的叶面肥有尿素、硫酸钾、过磷酸钙、磷酸二氢钾、硼砂、钼酸铵、硫酸锌、米醋、蔗糖、稀土微肥以及草木灰浸出液等。这些肥料具有性质稳定、不损伤叶片等特点。

117. 日光温室叶面追肥应注意哪些问题？

(1)喷洒浓度要合适 叶面追肥一定要控制好喷洒浓度，浓度过高很容易发生肥害，造成不必要的损失。特别是微量元素肥料，韭菜从缺乏到过量之间的临界范围很窄，更要严格控制；浓度过低，则收不到应有的效果。

(2)喷洒时间要适宜 影响叶面追肥效果的主要因素之一是肥液在叶面上的湿润时间，湿润时间越长，叶面吸收的养分越多，效果也就越好。因此，叶面追肥一定要根据天气状况，选择适宜的喷洒时间。日光温室栽培一般以晴天上午10时以前喷洒为最好。

(3)**肥料混用要得当** 叶面追肥时,将两种或两种以上的叶面肥合理混用,其增产效果更为显著,并能节省喷洒时间和用工。但肥料混合后必须无不良反应或不降低肥效,否则达不到混用的目的。另外,肥料混合时还要注意溶液的浓度和酸碱度,一般情况下,溶液的pH为6～7时有利于叶部吸收。

(4)**喷洒质量要保证** 叶面追肥要求雾滴细小,喷洒均匀,尤其要注意喷洒生长旺盛的上部叶片和叶片的背面。因为新叶比老叶、叶片背面比正面吸收养分的速度快,吸收能力强。

此外,要认识到韭菜生长发育所需的基本营养元素主要来自于基肥和其他方式追施的肥料,根外追肥只能作为一种辅助措施,不能本末倒置。

118. 腐殖酸在日光温室韭菜的生产中有哪些作用?

腐殖酸在韭菜生产过程中不仅可以增强植株的抗逆力,提高肥料的利用率,而且还能改良土壤,改善韭菜的品质。

(1)**增施腐殖酸可提高肥料的利用率** 韭菜是喜肥作物,需肥量较大,在一定范围内增施肥料对韭菜的生育、产量及品质有着显著的促进作用。但过量施用,不仅肥效下降,造成经济上的巨大浪费,而且还会破坏土壤结构,造成土壤板结、环境污染。腐殖酸既具有一般化肥的速效增产作用,又具有有机肥料活化土壤、缓释培肥的作用,而且无公害、无污染,对解决既要发展农业又要保护环境的矛盾,促进生态良性循环有着十分重要的意义。

腐殖酸含有羟基、酚羟基等酸性功能团,有较强的离子交换能力。施入土壤后在一定程度上不仅起着贮存无机氮肥的作用,而且可以促进根系发育及植株体内氮素代谢,促进植株对氮的吸收,进一步提高氮素特别是尿素的利用率,腐殖酸与尿素作用可生成络合物，对尿素的缓释增效作用十分明显，可使氮利用率提高6.9%～11.9%，后效增加15%。

腐殖酸对磷肥具有增效作用，一方面腐殖酸与磷肥形成腐殖酸-金属-磷酸盐络合物，从而可防止土壤对磷的固定，磷肥肥效可相对提高10%～20%，吸磷量提高28%～39%；另一方面腐殖酸能够提高土壤中磷酸酶的活性，从而使土壤中的有机磷转化为有效磷。

腐殖酸对钾肥具有增效作用，腐殖酸是一系列酸性物质的复杂混合物，其酸性功能团可吸收和贮存钾离子，减少其流失，并可避免因长期使用无机钾遗留阴离子对土壤造成的不良影响。腐殖酸可促使难溶性钾的释放，提高土壤速效钾特别是水溶性钾的含量，同时还可减少土壤对钾的固定。

腐殖酸能够提高土壤中微量元素的活性。一些微量元素如硼、铁、锌、锰、铜等，多以无机盐形式施入土壤，易转化为难溶性盐，使其利用率降低甚至完全失效。腐殖酸可与金属离子间发生螯合作用，使其成为水溶性腐殖酸螯合微量元素，从而提高植株对微量元素的吸收与运转。

(2)增施腐殖酸可减少农药施用量，降低韭菜产品中的农药残留 一方面腐殖酸对某些植物病菌有很好的抑制作用。施用腐殖酸在防治韭菜霜霉病、枯萎病、白绢病等方面效果达85%以上。因此从某种意义上讲，腐殖酸也是农药，尽管其作用机制还不十分清楚，但腐殖酸的无毒、无副作用是许多农药所望尘莫及的。腐殖酸不仅能明显地促进植株对氮、磷、钾的吸收，还能有效地提高植株体内超氧化物歧化酶SOD、硝酸还原酶NR的活性。因此，腐殖酸有助于提高韭菜自身的抗逆防衰能力。另一方面腐殖酸对农药有缓释增效作用，可降低农药的使用量。腐殖酸作为一种无毒、无污染的物质，不仅可单独作为农药，而且还可以与农药混用。腐殖酸与有机、无机磷农药复合可使有机磷分解率大大降低。这是由于腐殖酸分子中含有较多的亲水基因，与农药混合能有效地发挥其良好的分散、乳化作用，从而有助于提高农药活性。此外，腐殖酸具有很大的内表面积，对有机无机物均有很强的吸附作用，与农药配伍可形成稳定性很高的复合体，从而对农药起缓释作用。腐殖酸与农药复合，可使农药用量减少1/3～1/2，药效延缓3～7天。而且腐殖酸与农药复配后，其毒性大大降低，这对于减少环境污染，发展无公害蔬菜生产无疑具有重要意义。

(3)**腐殖酸具有改良土壤的作用** 腐殖酸是一种良好的土壤改良剂。腐殖酸对土壤中多种微生物和酶都有激活作用。这是由于腐殖酸系高分子有机化合物，气容量大，能提供充足的碳氮元素给土壤微生物，从而促进微生物代谢及生长发育，增强微生物活性。同时，腐殖酸还能促进土壤团粒结构的形成，降低土壤容重，提高阳离子代换量，缓冲酸碱度，从而提高土壤保水、保肥、保温和通气能力，最终改良土壤结构，培肥地力。

119. 日光温室韭菜怎样正确使用微量元素？

微量元素在韭菜体内含量虽少，但它是植株体内酶或辅酶的组成部分，具有很强的专一性，是韭菜植株正常生长发育所不可缺少或不可相互代替的一部分。因此，当韭菜缺乏任何一种微量元素时，生长发育就受到抑制，导致减产和品质下降，严重时甚至绝收。相反，如果这些微量元素过多又会出现中毒现象，影响韭菜的产量和品质。因此，只有合理地使用各种微量元素肥料，才能保证棚室韭菜的高产稳产。

由于不同的地区微量元素的含量不同，所以在使用时不能一概而论。就寿光市而言，缺乏较多的微量元素主要是硼、铁、锌等，这几种微量元素在韭菜体内都有特定的作用，但很多菜农却不能正确地认识和使用，给韭菜的产量和品质带来了或多或少的影响。

由于韭菜对微量元素的需求量较少，所以在使用微量元素时除了可以跟有机肥混合后基施外，还可以作叶面肥喷施。但要注意以下5点：①浓度关。喷施浓度适宜才能收到良好的效果，一般地说，各种微量元素肥适宜的喷施浓度是：硼酸或硼砂溶液600～800倍液，硫酸亚铁溶液600倍液，硫酸锌溶液400～800倍液。②时期关。喷施微量元素肥的时期一般以开花前喷施为宜。为有利于微量元素的吸收利用，一般可以在阴天或晴天的下午到傍晚喷施。③用量关。每667平方米喷施肥液40～75千克，以能使蔬菜茎叶沾湿为宜。④次数关。叶面喷施一般用肥量较少，所以一次喷施难以满足全部生长发育过程的需要，根据韭菜生育期的长短，一般以喷施2～4次为宜。⑤混喷关。微量元素肥料之间混合喷施，或与其他肥料和农药混喷，可节省工序，起到"一喷多效"的作用。但要注意各种肥料和药剂的特性，如果性质相反，互相妨碍，那就一定不要混合喷施。一般来说，各种微量元素肥料均不可与草木灰、石灰等碱性肥料混合使用。

120. 冬季如何降低韭菜棚室内的湿度？

由于冬季保护地内空气湿度较高，使得韭菜叶片夜晚结露时间较长，这是造成多种病害频繁发生的最重要的条件。因此，降低保护地内的空气湿度成为了减少冬季保护地内病害发生的重要措施。

(1)通风换气 通风换气是降湿的好办法。通风必须在高温时进行，否则会引起室内温度下降。如果通风时温度下降过快，要及时关闭通风口，防止温度骤然下降使韭菜植株遭受危害。

(2)升温 棚内温度每升高1℃就能降低空气相对湿度2%～3%。因此，采用升温的方法既可满足韭菜对温度的需要，又可降低空气相对湿度。当植株长到具有抵抗力时，浇水闭棚升温达30℃左右持续1小时，再通风排湿。3～4小时后棚温低于25℃时可重复1次。

(3)合理浇水 浇水是导致保护地内湿度增加的主要因素。冬春生产可选择晴天沟浇或分株浇水。浇水时要严格控制浇水量,防止保护地内湿度过高。每次浇水后适当通风,既可降低土壤湿度,也可以降低空气湿度。有条件的可以采用滴灌系统,日光温室内使用滴灌系统后,散发的水分会大大减少,从而降低棚内的湿度。

(4)自然吸湿 用稻草、麦秸、生石灰等材料铺于行间吸附水蒸气或雾,可达到降湿目的。同时,在大行间覆盖10厘米左右的稻草、麦秸等,还能起到提高地温的作用。

121. 冬春季如何增加日光温室内的光照?

在光照时间短、强度低的冬春季节,使保护地内多接受阳光照射,对提高韭菜的产量和品质具有重要作用。增加温室内光照的具体措施如下。

(1)保持棚膜洁净 棚膜上的水滴、碎草、尘土等杂物,会使透光率下降30%左右。新薄膜在使用过程中,随着使用时间的延长棚内光照会逐渐减弱。因此,要经常清扫,以增加棚膜的透明度。近几年,寿光菜农在棚膜上设飘带(小布条)擦拭棚膜的方法简便易行,能自动擦净棚膜,很有推广价值。飘带设置方法:在新上棚膜的日光温室上每隔1.2米设置一条宽6～10厘米、比棚膜宽度长0.5～1米的布条,两头分别系在温室上部通风口和棚前帘的压膜线上,利用风力使布条摆动除尘,这样布条不会对棚膜造成划伤。但要注意,布条中间摆幅最大,除尘率可达80%以上,两头摆幅最小,除尘率不足50%,所以菜农还要及时利用抹布将温室南北两端棚膜上的尘土擦去。

(2)选用无滴薄膜 无滴薄膜在生产的配方中加入了几种表面活性剂,使水分子随薄膜面流入地面而无水滴产生。选用无滴薄膜扣棚,可增加棚内的光照强度,提高棚温。

(3)合理揭盖草苫 在保证韭菜生长所需要的适宜温度的前提下，适当早揭和晚盖草苫，可延长光照时间，增加光量。一般太阳出来后 0.5～1 小时揭苫、太阳落山前半小时盖苫比较适宜。特别是在时阴时晴的阴雨天里，也要适当揭苫，以充分利用太阳的散射光。有条件的可安装使用电动卷帘机揭盖草苫，以缩短揭盖时间，相对增加棚室内光照。

(4)张挂反光幕 用宽 2 米、长 3 米的镀铝膜反光幕，挂在温室内北侧使之垂直地面，可使地面增光 40%左右，棚温提高 3℃～4℃。此外，在地面铺设银灰色地膜也能增加植株间的光照强度。

122. 冬春茬韭菜冬季日光温室内温度偏低怎么办?

韭菜较耐低温，是在冬季日光温室生产成功率比较高的作物。但在灾害性天气条件下，若不注意保温增温也会导致生产失败。冬春茬韭菜生产保温增温的措施有如下 8 项：①选择采光保温性能良好的温室结构。②建造温室时注重质量标准，防止后坡过薄或脊上薄膜密封不严。③草苫要有一定厚度，特别是致密性要好，不能用蒲草苫。④用透光保温好的聚氯乙烯农膜，并经常清扫农膜。⑤注意地面覆盖地膜，并封死引苗孔；注意扣膜和固定农膜方法，防止农膜起皱而影响无滴性。⑥增加草苫外的防雨保温塑膜，即浮膜覆盖保温。浮膜覆盖是日光温室深冬生产蔬菜时，傍晚放草苫后在草苫上面盖上一层薄膜，周围用装有少量土的编织袋压紧。浮膜一般用聚乙烯薄膜，幅宽相当于草苫的长度，浮膜的长度相当于温室的长度，浮膜厚度为 0.07～0.1 毫米。⑦设置保温幕，即在温室内顶部、后墙、棚前各设置一层薄膜，膜与膜的衔接处用夹子夹紧，形成室中的二次覆盖。冬季晴天时棚顶的二次膜拉开，夜间和连续阴雪天可封闭二次膜保温。⑧必要时必须采取人工加温措施，当棚温降至 6℃、10 厘米地温降至 10℃以下时，要采取人工加温。可用烧后无烟的玉米芯火或燃烧木炭、焦炭加温。

123. 什么是春节上市韭菜最佳栽培法?

(1)**品种选择**　选用高产、优质、抗寒性强、冬季回根晚、春季返青萌发早的杭州雪韭、河南791雪韭、汉中冬韭等品种栽培。

(2)**栽培设施**　采用大拱棚、日光温室等栽培均可。

(3)**撤网扣棚时间**　上膜扣棚要待植株营养回根后进行。山东省等地韭菜植株营养回根期一般在10月中下旬至11月中旬。当韭菜地上部完全凋萎后,要及时清理畦面,于12月上中旬撤掉防虫网进行上膜扣棚。将覆盖薄膜拉紧,埋压牢固,再用压膜线或压杆等将薄膜进一步压紧,以增强防风能力。设施栽培韭菜的一般方式是在初冬将"回根"后的韭菜进行覆盖,一般需经45～52天才能收获第一茬,山东省约在1月中旬至2月上旬收割第一刀。

(4)**扣棚后的管理**

①*温湿度调控*　扣棚后白天以阳光为热源提高棚内温度,夜间主要用塑料薄膜、草苫等覆盖物防寒保温。白天棚内温度应保持在18℃～28℃,夜间保持8℃～12℃。扣棚初期和每次收割之后,为加速韭菜萌发和新株生长,棚温应稍高,可以达到30℃。收割前应降低温度,使叶片生长茁壮,避免倒伏、腐烂。温度通过草苫的揭盖和棚膜风口的开闭进行调节。扣棚后至收获前两茬韭菜期间,外界气温低,要晚揭早盖草苫,不通风或通小风。阴雪天可不揭草苫,若连续阴雪3～4天,棚内处于湿冷状态,易沤根,应在中午室外温度稍高时揭开部分草苫和薄膜排除湿气。棚内的空气相对湿度尽量不要超过65%,以防止韭菜灰霉病发生。3月上旬后气温逐渐升高,应加大通风量,并逐渐撤除草苫。3月下旬至4月上旬收获第三刀韭菜后即可撤除薄膜,改为露地栽培。撤棚后的管理基本上与韭菜的露地栽培相同。

②*肥水管理*　设施栽培的韭菜主要靠韭菜植株鳞茎和根系中

贮积的养分，以及扣棚前浇冻水追肥在土壤中积存的水分和养分进行生长。收获第二茬韭菜前一般不再浇水追肥。扣棚前如果肥水跟不上，植株长势弱，在收割1～2刀后，应适量追肥和浇水，追施尿素、碳酸氢铵等速效肥或腐熟人粪尿均可。追肥浇水后应及时中耕并适当通风，避免棚内湿度过大引起烂韭等病害。

(5)病虫害防治　设施栽培韭菜的病害主要是韭菜灰霉病，可用50%腐霉利可湿性粉剂1000～1500倍液或50%异菌脲可湿性粉剂1000～1300倍液喷雾防治。一般每隔7～10天喷1次，连喷2～3次。其虫害主要是韭蛆，可利用韭蛆成虫羽化盛期大多集中在地面爬行的习惯，于上午9～11时用2.5%溴氰菊酯乳油4000倍液喷于根际附近地面防治。

124. 如何利用冬贮法生产有机韭菜？

第一，在一个种植季节的最后一刀韭菜割收完毕后，对地里的韭菜进行常规管理，任其自然生长，在入冬前将地里的韭菜连根挖出，清理掉韭菜的根部所带的泥土后，再将韭菜植株分层竖立放置到坑中，并在每层韭菜植株之间撒放一层湿润的细土，每层细土的厚度为12～18毫米，然后在坑的顶部覆盖一层防冻土层，将韭菜植株贮存到翌年的韭菜种植季节。

第二，在韭菜植株被全部挖出后，深翻韭菜田的土壤26～49厘米，并将土壤中杂草、韭菜根系及植株残体全部清除，使土壤深层的越冬虫蛹暴露出土表，令其无法正常越冬。

第三，翌年在移栽韭菜植株之前的6～8天深翻移栽田的土壤26～49厘米，并在施入有机肥后悬耕均匀。

第四，将放置到坑中的韭菜植株取出，对韭菜植株进行整理，去除残株、烂叶，然后采用生物农药或天然植物生长调节剂对韭菜植株进行浸泡或喷洒处理，并自然晾干。采用的生物农药为5%天然除虫菊850～900倍液，或1%印楝素水剂600～700倍液，或

1%苦参素水剂600～700倍液，采用的天然植物生长调节剂为0.05%核苷酸水剂450～550倍液。

第五，将上述韭菜植株按照每穴5～8株，行距160～390毫米，株距60～250毫米的密度，在深翻过的田地中移栽，实施常规管理和割收。需要时追施有机肥，每次割收后彻底清除土壤中掉落的韭菜叶和杂草，必要时可在移栽田中架设网室，设置诱杀黄板或诱杀灯，或喷施生物药剂。

按照上述方法种植的韭菜可达到环保安全、无污染的要求，可实现韭菜在同一田地持续多年有机化生产。

125. 什么是设施韭菜有机土栽培方法?

(1)保护设施 选择日光温室或大拱棚在不同的栽培季节可实行与网室切换。12月上旬至翌年2月中旬期间覆盖塑料薄膜，其他季节覆盖防虫网。

(2)配制有机土 将按体积比为60%～75%的腐熟农产品废弃物、体积比为20%～25%的腐熟有机肥和体积比为5%～15%的洁净土混合。农产品废弃物是由粉碎后的农产品废弃物加占其体积0.2%～0.5%的秸秆腐熟剂和0.2%～0.5%的尿素浇透水，经过自然封闭高温堆腐发酵处理后的产物。农产品废弃物是玉米秸、麦秸、油菜秸、水稻秸、麦壳、蔗渣、芦苇末、椰壳、菇渣、锯末、豆秸、草坪草等中的一种或两种以上的任意组合。农产品废弃物腐熟处理是首先把各种农产品废弃物粉碎成长0.5～1厘米左右，而后堆成堆，其堆法是一层废弃物、一层秸秆腐熟剂和尿素的混合物相间展开铺放，最后浇透水，盖上塑料膜保温保湿10～20天。

(3)制作栽培槽 在地上挖栽培沟或在地上用砖垒栽培槽，并在沟底铺上塑料棚膜，将配制好的有机土混匀放于栽培沟槽内，其上覆盖一层1～3厘米厚的洁净土。每个栽培槽宽0.5米，高0.2米，槽间距为1.3～1.4米。

(4)灌溉 采用膜下滴灌方式,栽培槽充满有机土后,其上铺设滴灌系统,然后浇水至有机土含水达60%左右,覆盖地膜,高温闷棚消毒5～7天,通风降温后便可定植韭菜。

126. 日光温室怎样进行沙培韭菜?

日光温室沙培韭菜,可以充分发挥韭菜高产、长青的特性,栽植后可以每月收割一次,周年生产、周年供应,生产出的韭菜新鲜卫生,经济效益十分可观,其栽培技术要点如下。

(1)选择适宜的沙子 水沙旱沙均可,沙粒直径不能小于1毫米,以2～3毫米粒径为宜,含土量不得超过10%,最好不含土,以免床温低、透气性差而发生沤根现象。

(2)栽培床的准备 栽培床可用木槽、水泥槽等,床的长度可因地制宜,床宽以方便肥水管理为宜,床的高度为18～20厘米。栽培床要脱离地面,也可双层或多层栽培。注意多层栽培时不要互相遮荫。专业生产栽培床宜固定,家庭生产以轻便能移动为好。

(3)韭菜根的准备 最好选用2年生以上的露地韭菜根,当年生的根株积累养分少,沙培时产量低、品质差,应尽量不用。

(4)定植方法 根株刨出后,经过整理去掉根上的泥土,以20～30株为一撮,剪掉韭叶,留下带根的短缩茎,按15厘米左右的行株距以梅花形栽到沙培床中,栽的深度以沙子埋过短缩茎为度。

(5)肥水管理 韭根栽好后立即浇一次透水,以后根据沙子干湿情况灵活掌握,等新根长出后再浇营养液,每浇两次清水浇一次营养液。冬季每隔5～7天浇一次,春夏季每隔2～3天浇一次。清水和营养液交替使用要看苗情,苗壮养分足时少浇营养液多浇清水,间隔时间可长些。

(6)营养液配制 配方1:尿素2克或硝酸鞍2.3克,磷酸二氢钾1.3克,加水1000毫升搅匀。配方2:尿素1.5克或硝酸铵2克,磷酸二氢钾0.5克,加水1000毫升搅匀。每平方米栽培床一次用营养液约10000毫升(相当于10千克)。

(7)温度管理 沙培韭菜对温度要求不严格。在床温为6℃、气温为10℃的条件下就能生长。适宜的床温为14℃～18℃,气温为16℃～25℃。

(8)定植和收割时间 定植时间应根据不同地区和温室内的茬口灵活安排,当韭菜长到25～30厘米时即可收割,收割时间间隔一般为30天左右。

(9)温室与网室切换 采用部分覆盖法实现温室与网室切换。从2月中旬至12月上旬温室通风口和进出口必须设置防虫网。

127. 薹韭品种与一般韭菜品种有何区别?

薹韭品种以收获韭薹为主,抽薹期长,一般3月下旬开始抽薹,抽薹期可延续到10月上旬。抽薹率高,连续性强,单株一般每年可抽2～3个,韭薹生长快,品质好,耐贮存,商品性状好,产量高。薹韭在生产上以生产韭薹为主,也可兼收青韭。

一般韭菜品种以收获叶和叶鞘为主要产品,叶片生长快,营养生长旺盛,抽薹晚,抽薹期短,抽薹集中。多在7～8月份抽薹,单株抽薹连续性差。一般单株每年可抽薹1个,韭薹品质差,不耐贮藏,青韭产量高。一般韭菜在生产上多以生产青韭为主。

128. 怎样生产韭薹?

韭薹既是韭菜生产的副产品,又可作为一种主产品进行生产。韭薹往往是在夏末秋初上市,如果用专门生产韭薹的韭菜品种在保护地进行生产,也可在一年中的大部分时间生产韭薹。此期间是保护地蔬菜生产的淡季,而韭薹不仅可以炒食,也可以作馅料,用以弥补蔬菜淡季的不足,因此深受人们喜爱。无论是生产韭黄、青韭的品种,还是专门生产韭薹的品种,均可在4月5日前后停止收割韭菜用以养根。由于生产韭黄的韭菜收割的茬次较多,在最后一次收割的后，要在防治病虫害的基础上多施优质豆粕肥，每667平方米施1000千克以上，施用后要及时浇水防止肥料烧根。生产青韭的品种只在春节后割1～2次后进行施肥养根，若专门生产韭薹，可早架设风障及早覆盖提温，但不能收割韭菜；也可在拱棚或日光温室中进行生产，以备生产韭薹。韭薹容易老化，要及时采摘，可在清晨日出之前采收尚未开花的韭薹。为防止韭薹汁液辣手，可戴乳胶手套防护。采收时要尽量从韭薹的底部切断，防止浪费养分。采收后及时包装销售，否则韭薹纤维化后将失去食用价值。

129. 如何使薹韭早抽薹、多抽薹？

(1)选择优良品种　要注意选择抽薹早而多的优良薹韭品种，如铜山薹韭、寿光9-3韭菜、寿光薹韭1号等。

(2)在合理密植的基础上，确定适宜的收获年限　一般薹韭品种分蘖力强，叶片较披展，定植后生产韭薹2～3年即可。若品种分蘖力弱，叶片直立，则可生产3～4年。如种植年限过长，则影响韭薹的产量和质量。

(3)加强肥水管理，防治病虫为害　如果肥水充足，无病虫为害，植株可早萌发早生长，有利于营养物质的积累，可促使植株抽薹早，生长快，抽薹率高。

(4)保护地栽培　在元旦前后撤除防虫网进行薄膜覆盖，促使根株提前萌发生长，能充分积累营养物质，可使植株花芽分化早，抽薹早。韭薹保护地栽培比露地栽培可提前抽薹30～40天，上市早，效益好。

(5)增加光照时间　光照时间不足会影响植株的花芽分化，夜间利用灯光照射，可促使花芽分化，有利于植株多抽薹，提高抽薹率。

130. 如何采收韭薹?

韭薹生长速度的快慢以及长短粗细,除与品种有关外,还与栽培条件有关。采薹时应根据品种特性和栽培条件灵活掌握。一般幼薹露出叶鞘 8~12 天,韭薹长达 40~50 厘米,花苞基部膨大,上尖部扁平,韭薹基部与叶鞘结合处为浅绿色,手捏韭薹基部感到不过软,不顶手时,即可采薹。采薹应在早晨为好,采下的韭薹含水分多,鲜嫩,产量高,商品性好。采薹时应在叶鞘近端采断,采薹过低伤其叶鞘,采薹过高影响产量。采薹后捆成小把,及时上市,以免久放影响品质。采薹一般间隔 2~3 天,采薹要适时、细致,如果采收过嫩韭薹,会影响产量;采过老的韭薹,则降低品质。因此,采韭薹时,既要保证产量,又要保证质量。

131. 怎样生产韭菜花?

(1)加强肥水管理 韭菜花种植在翌年 5~10 月份进入韭菜花盛产期,为了满足韭菜花连续不断采摘花茎对养分的需要,应每周每 667 平方米施进口硫酸钾复合肥 15 千克,此外,在 3 月和 6 月分别施一次腐熟的有机肥,每 667 平方米施 5 立方米;在收获的淡季则可半个月施一次肥,每次每 667 平方米施进口硫酸钾复合肥(15 : 15 : 15)15 千克;为满足韭菜花对磷和钙的需要,每个季度施磷肥一次,每次每 667 平方米施 35 千克。每年撒施石灰 1~2 次,每次每 667 平方米撒 40~50 千克。注意每次撒施完肥料后都要淋水,防止肥害。韭菜花怕涝忌渍水,雨后要及时排涝,平时遇旱要淋水或灌"跑马水",保持湿润但不积水。水分要充足,偏氮或缺钾、钙均易造成花茎通心。

(2)重视培土 由于韭菜具有跳根的特性,因此培土工作不容忽视。入冬前(冬季花芽分化后)应结合施越冬肥(每 667 平方米施进口复合肥 15 千克)进行一次大培土以促生长,使植株能积累更多的养分作为翌年正常抽薹之需。平时可有计划地进行1～2次的小培土。培土宜在晴天进行，用地面已风化的表土(不宜用未腐熟的深土)培于植株根部，培土时边用手把向外张开的叶丛拢合边培土。这一措施不仅可以防止倒伏，而且能改善田间通风透光的条件。

(3)**中耕除草，适时疏间苗**　在韭菜生长期间，气候温和雨水多，杂草易发生，须中耕除草，锄松表土，提高土温，以利于养根发棵。经常摘除黄叶、枯叶并集中到田外处理，以减少病虫害的发生，有利于通风透光。但不宜用刀割苗，否则将影响以后植株生长及养分积累，对花薹产量有一定的影响。当植株封行后，如发现棵数过多而影响植株正常生长时，应及时进行疏间苗，为不妨碍正常生产，疏间苗一般在收获的淡季进行(一般从定植后第一年和第二年上半年都不用疏间苗)。

(4)**及时采收花茎**　一般花茎的花蕾刚从假茎突出后6～8天，花茎长度与叶片长度大体相等，冬季花蕾胀满形状稍圆、夏季花蕾胀满形状较尖时便要采收。最关键的是掌握花茎基部纤维化程度，轻轻一弯便折断的花茎则应采收。

132. 如何生产富铁韭菜?

(1)**土壤化验分析**　韭菜在强化富铁营养栽培时，要有的放矢，在土壤中缺乏铁元素时增施铁元素才有意义。如土壤中已经富含铁元素，再施入铁元素就没有意义，且施入多了反而会产生毒副作用。为确定施与不施，应先进行土壤化验分析，以便做到心中有数。对铁元素的分析主要是有效含量的分析。此外，还应注意处理好施用量与毒性的关系以及施用深度、方法、年限、气候与铁元素之间的关系等。

(2)**施肥试验**　在确定施用铁元素后，为安全起见，应先小面积进行施用试验，在确保无毒副作用后再大量施用。

(3)施用方法 常用的铁肥为硫酸亚铁、硫酸亚铁铵。施用方法如下。

①土壤施肥 每667平方米用硫酸亚铁2～4千克加水10升溶解,喷洒于农家肥上,混匀施入土中。

②根外追肥 在韭菜生长期,每收1刀用0.2%～1%硫酸亚铁液,喷1次,连喷3次。

目前,每100克青韭的含铁量为1.2毫克,经施铁肥后,含铁量可提高数倍。

133. 怎样生产富锌韭菜?

(1)土壤化验分析 在强化富锌营养栽培时应注意有的放矢,在土壤中缺乏锌元素时增施锌元素才有意义。如土壤中已经富含锌元素,再施入锌元素就没有意义,且施入多了反而会产生毒副作用。为确定施与不施,应先进行土壤化验分析,以便做到心中有数。对锌元素的分析主要是有效含量的分析。此外,还应注意处理好施用量与毒性的关系以及施用深度、方法、年限、气候与锌元素之间的关系等。

(2)施肥试验 在确定施用锌元素后,为安全起见,应先小面积进行施用试验,在确保无毒副作用后再大量施用。

(3)施用方法 目前常用的锌肥有硫酸锌、氧化锌等。其施用方法如下:

①土壤施肥 每667平方米施锌肥0.5～1千克,将其翻入耕作层中。由于锌肥施后残效期较长,可3～5年施1次。

②种肥 每667平方米用锌肥0.5千克,应先施肥后下种。若浸种,可用0.02%～0.05%硫酸锌液浸12个小时。

③根外追肥 用0.05%～0.2%硫酸锌液喷洒韭菜叶面。每15天喷1次,连喷2～3次。

134. 如何生产富钼韭菜?

(1)土壤化验分析 在强化富钼营养栽培时,要有的放矢。如果土壤中缺乏钼元素时增施才有意义,且施入过多反而会产生毒副作用。为确定施与不施,应先进行土壤化验分析,以便做到心中有数。对钼元素的分析主要是有效含量的分析。此外,还应注意处理好施用量与毒性的关系以及施用深度、方法、年限、气候与钼元素之间的关系等。

(2)施肥试验 在确定施用钼元素后,为安全起见,应先小面积进行施用试验,在确保无毒副作用后再大量施用。

(3)施用方法 目前常用的钼肥有钼酸铵、钼酸钠等,施用方法如下。

①土壤施肥 每667平方米施钼肥50～100克作基肥。混入过磷酸钙中施入土中。因钼肥残效期较长,所以可3～5年施1次。

②根外追肥 用0.02%～0.05%钼酸铵液作叶面喷洒。每20天喷1次,连喷2次。

③种肥 用1～3克钼肥拌种100克。

135. 什么是韭黄培土割青技术?

培土是使假茎软化和防止跳根的主要措施。培土一般分2～3次进行,气温太高时不能培土,因为容易造成植株腐烂。寿光市早春直播韭苗,在当年9月中旬以后,韭苗长到45厘米以上时进行第一次培土。培土前在播种沟内每667平方米施磷肥及复合肥的混合肥料30千克,而后进行培土,培土高度以离"荷口"1.5厘米为宜。约经7天以后,进行第二次培土,培土与"荷口"相齐。第三次培土是在预计上市前的15～30天,这次培土可以略高于"荷口"。培土方法是:一人用竹竿把韭叶挑起压向一侧,另一人用锄培土，注意不能伤叶，更不能损伤“荷口”。每次培土时都需施一次磷肥及复合肥，直接撒到韭菜的栽植行上，然后培土覆盖。

培土后韭叶长得好，韭叶大致15厘米高时齐“荷口”割一次韭叶(割青)。夏季割青要高于“荷口”1厘米，冬季齐“荷口”或低于“荷口”1厘米。每次割青后都要施五成腐熟的粪水。注意不要施粪渣。

136. 如何进行培土软化生产韭黄？

通过培土软化生产的韭黄，又称“地芽”，肉质鲜嫩，纤维含量低，品质好。培土软化韭黄技术适合于一年四季应用，但多在入冬前软化。具体培土软化方法如下。

(1)**地块选择** 选择2年或2年以上生韭菜地块为软化田，畦幅要求为2.4米左右，其中畦面两边留出0.4米，以便操作和培土时取土。软化前的韭菜地必须离前次收割或收种2个月以上，并要求韭菜植株生长老健、无病害。

(2)**软化前准备** 软化前2～3天要施足肥料，一般每667平方米施三元复合肥50千克，或每667平方米施有机复合肥60千克，每墩韭菜的上部1/3处用秸秆捆扎，如有收籽后残留花薹，可把花薹向下折起来。

(3)**培土** 一般需培土2～3次。第一次培土时，韭菜上部叶尖要露出10～15厘米，露出的韭菜叶仍会向上生长。半个月后进行第二次培土。如打算进行三次培土，上部叶片可再露出8～10厘米。最后一次培土要盖实所有叶片，确保全株韭菜不见光，并在土坯上盖一层薄膜，用于防雨和冬季保温。

(4)**收割** 要掌握适时收割。如过早收割韭黄品质差、产量低；过迟收割，会出现烂芽现象。收割期可定在培土后20～40天内。割前先还土到原处，还土后要尽快收割，防止韭黄返青。

137. 怎样进行夏季韭黄生产？

夏季韭菜生产中一般以青韭为主，韭黄供应量少、价格高。夏季进行韭黄生产具有较高的经济效益，但要求掌握较高的技术。首先，将韭菜收割后，将韭菜畦面的杂草及残体清除干净，而后搭建拱棚，拱棚为矩形，高度为 40 厘米左右，拱棚盖膜后，东西向和南北向均留有通风口（用防虫网覆盖），控制拱棚内的温度不超过 35℃。然后是给韭菜培土。这是关键的环节。夏季韭菜生长速度快，培土的土壤要求松散，不能含水量过大，特别是降雨时要对培上的土进行防雨保护，防止土被雨水淋湿。夏季栽培的韭黄，由于韭菜生长较快，培土要及时，一般 4 天左右进行一次培土，培土 2～3 次后，即可根据市场和消费者的要求进行收割。

夏季阳光强烈，拱棚内的温度将很快升高，视阳光强烈程度对拱棚覆盖遮阳网进行降温。

夏季韭黄生产的关键是防雨，降雨时要及时关闭拱棚的通风口，防止雨水灌进拱棚。雨水进入后易发生韭菜病害，特别是细菌性软腐病的发生，将造成韭菜大片直接腐烂。

138. 什么是夏季韭菜盖草软化高产栽培技术？

(1)软化设备制作方法

①**材料准备**　准备一定数量的油毛毡、秸秆、竹片、小竹竿、尼龙薄膜等，把油毛毡剪成约 50 厘米宽，长度视畦长确定，做成油毛毡框架，油毛毡四周两面各夹宽 4 厘米左右的毛竹片固定。竹竿长度稍大于畦宽，再备一些 60 厘米长的中等竹竿作打桩用。

②**地块选择**　选择畦幅为 2.4 米左右的韭菜地，并在畦两边各留出 0.4 米宽的道，作为盖草软化栽培的操作行和培土软化栽培的取土来源。每畦种植 4 行，行距 30～40 厘米，穴距 20～25 厘米。选择叶鞘健壮，叶片无病虫危害，生长期在 70 天以上的韭菜

作软化用。

③制作方法　选好韭菜后，在畦的四周竖起油毛毡框架，每隔1米打一个竹桩以固定架子。在油毛毡框架上放横、直竹竿，竹竿横距40厘米、直距50～60厘米，上盖一层秸秆，覆上薄膜，再盖上一层干草，盖草厚度以不漏光为度。

(2)韭黄生产的管理措施

①软化前的管理　拟供软化的韭菜最好是2～3年生的。春季收过韭黄或青韭后，要施足肥料，早期以有机肥为主，一般每667平方米施人粪尿1000千克，并适当配施磷、钾肥5～10千克，使韭菜生长健壮而不徒长。软化前3～4天，再施一次速效性氮肥，一般每667平方米施碳酸氢铵50千克，或每667平方米施三元复合肥(20∶10∶15)40千克。如土壤干燥，可结合施肥浇一次足水。在韭菜软化前田间常发生灰霉病、白粉病、韭蛆、蓟马等病虫害，应抓好防治。韭菜软化前几天，可结合施肥、浇水用20%吡·辛乳油1000倍液泼浇韭黄根部以防治韭蛆为害。同时，清除田间杂草和老黄叶。

②软化时期及日数　夏季韭菜覆盖软化时期为7月初至9月下旬，但以7～8月间覆盖的产量最高，每667平方米可产成品韭黄2000～2500千克。覆盖时间应在韭菜抽薹前或采薹后进行，避开抽薹开花高峰。覆盖的天数：7月份为13～16天；8月份为15～18天；9月份为18～21天。

③软化期间的管理　软化期间的管理重点是保证棚架不透光和不淋雨，因此要注意经常检查，防止油毛毡破损和秸秆、薄膜被风吹掉，否则雨水淋入棚架内会引起韭黄腐烂，造成韭黄产量和品质下降。

④收割期的管理　采收韭黄的收割部位一般距地面2厘米左右，过低会损伤叶鞘基部的分生组织，影响下季韭菜产量，并使植株早衰。为防止韭黄收割后根部被雨淋湿，需及时覆盖地膜。撤

下的秸秆、油毛毡框架和竹竿等要注意保存好，以备下次再用。

139. 怎样进行秋韭菜软化栽培?

秋季韭菜软化栽培于8月初至9月下旬均可进行，但以8月底至9月中旬栽培的产量最高，覆盖时间应在韭菜抽薹前或采薹后进行。此期软化栽培的韭菜每667平方米可达1000～1500千克，国庆前后上市，效益好。

选择畦宽2.4米的韭菜地，在畦两边各留0.5米宽的空地，以便取土。每畦种植4行，行距33～40厘米，穴距17～25厘米。

进行软化栽培的韭菜最好是2～3年生的，春季收过青韭后，施足肥料，每667平方米施入粪肥3000千克＋三元复合肥5～10千克。如土壤干燥，应结合施肥浇足水。在韭菜软化栽培前注意防治灰霉病、白粉病、韭蛆、蓟马等病虫害。

培土时每667平方米需先施复合肥40千克，再浇一次水，并结合施肥浇水用90%敌百虫晶体1000倍液等泼浇根部防韭蛆。及时清除田间杂草和老黄叶。培土分2次进行，苗高50厘米时进行第一次培土，约10天后割去上部青韭进行第二次培土。前后培土要求达20厘米厚。

青韭收割后，当韭苗长到10厘米高时在畦上建棚架，覆上黑色薄膜，再盖一层秸草，盖草厚度以不漏光为宜。

软化期间应保证棚架不透光和不淋雨，要经常检查，防止薄膜破损、秸秆和薄膜被风吹掉，防止雨水淋入棚架内引起韭黄腐烂，造成产量和品质的下降。

收割时揭去草苫，将韭黄叶片扶向一侧，把土扒开至露出韭根时，离地面1.5厘米平直收割。割后如遇雨，根部要覆盖地膜。

140. 怎样培育黄芽韭菜?

黄芽韭菜的栽培方法属于软化栽培的一种，即将生长期中的韭菜置于黑暗和温暖潮湿的环境中，在此条件下生长的韭菜菜叶和菜茎含有少量叶绿素，大多呈黄白色，组织柔嫩，风味独特，商业价值较高。其培育的方法有以下 4 种。

(1)**秸秆捂韭** 从 8～9 月份开始，当苗高达 7～10 厘米时，先灌透水并施追肥，而后在畦四周筑 40～50 厘米高的围墙，围墙要求牢固、不透光。在墙上架适量竹竿或树枝作支撑，其上用稻草、麦秸、玉米叶等覆盖，使韭菜不见阳光，20 多天后揭去覆盖物，即可收割黄芽韭菜。也可以将稻草等直接盖在韭菜上，但长出的韭菜比较乱，商品性差。同一块韭菜地一年内只能捂 2～3 次，否则产量下降，长势减弱。

(2)**马粪捂韭** 在冬季比较寒冷的地区，多采用热性的连粪带草的马粪厩肥，直接盖在韭菜上。韭菜在黑暗、温暖的环境中缓慢生长。经一个多月的软化后扒开肥料，清理、洗涤收割的黄芽韭菜。用此法生产的韭黄质量虽好，但较费工，韭叶乱。

(3)**黑膜盖韭** 用黑色的塑料薄膜覆盖软化是现在比较先进的方法。时间从 9 月份至翌年 3 月份均可使用。软化前的管理同秸秆捂韭。根据畦宽做高 45～50 厘米的竹拱棚，而后用黑薄膜覆盖在拱棚上。如果气温偏高或过低，再加盖一层草，四周拉紧压实。为了通气，可在拱棚两头放置竹竿或草把，但要避免直射光。20～30 天后即可揭膜收割。

(4)**挖根软化** 将需要更新的老韭菜连根挖起，最好成方形土坨，而后将土坨根朝外、叶朝内，堆成方格，用泥土填满空隙，并浇水施肥；也可以在土坨上面盖稻草保温保湿，20 天后即可扒开土坨收割韭黄。捂 1～2 次后，老根即废弃不用。

141. 韭黄冬季栽培的技术要点是什么？

(1)**田间布置** 韭菜畦东西向延长，宽 3 米，畦面 2.5 米，畦埂 0.5 米，高 25 厘米。

(2)韭株准备 选用宽叶、茎粗、耐寒的韭菜品种。栽培韭苗的韭株早春就应注意中耕除草、浇水施肥、治韭蛆等。

(3)秋季养根 韭菜在处暑前后,最晚在秋分前,重施有机肥。施肥后用20%吡·辛乳油1200倍液顺韭菜行浇灌治蛆。秋季对韭菜要常浇水,无雨时每15天浇1次水,遇涝要排水。同时,多次进行浅中耕灭草。经过秋季管理,使韭菜长成叶片宽1.5厘米、茎粗1厘米、株高40厘米的韭株。

(4)冬季管理 立冬以后在韭菜畦北侧设风障。风障高随畦宽而定。一般3米宽的畦需3.5米高的风障。风障向南倾斜75°角,每道风障南北距离5米。小雪后,韭菜回根,将枯萎的韭叶搂掉并清理干净,用小锄刨开,露出鳞茎,晾一天。用壶洒或用喷雾器喷48%毒·辛乳油1000倍液防治地下害虫,而后覆盖薄膜和三层蒲席,上午9时揭开,下午3时盖上。韭菜新芽长出地面时开始覆土,厚度以盖住叶鞘部分为准。韭菜再次生长,还要分3次覆土,总厚度为15厘米。覆土时忌一次覆得过厚。要将土过筛后堆在韭菜行间,覆土时用小锄培在韭株两侧。

(5)科学收获 第一茬生长期为30天,元旦上市,株高30厘米左右。下刀位置在原来畦面和覆土交界处。

(6)收后细致管理 收获后将覆土清理到畦埂上,搂松表土以提高地温。幼苗3厘米高时浇水,顺水冲粪稀,水渗下后,再同前一样管理,收获2～3茬。收获3刀以后即不再覆土,当年也不收割。撤膜并覆盖防虫网,让其在网室条件下生长。

142. 无公害“干韭黄”种植技术包括哪些措施?

当韭菜生长到适当长度,采用草棚覆盖的方式促使其黄化和软化的韭黄俗称“干韭黄”。与普通韭黄相比,“干韭黄”具有四大优点:一是存放时间长,“干韭黄”不用水洗,而是用手撕成净菜,湿度小，在阴凉环境条件下可保存7天；二是芳香物质积累多，香味浓郁；三是脆嫩化渣，口感好；四是外观嫩黄、细长，商品性好。“干韭黄”的种植技术上与种植普通韭黄相比，有较大区别。

(1)软化栽培前的肥水管理 苗高35厘米以下，每667平方米施10%～20%腐熟粪肥500千克；苗高35厘米以上，每667平方米施30%腐熟粪肥800千克，同时加施尿素5～10千克或三元复合肥5千克，天气干旱时应加大稀释倍数。

(2)软化阶段管理

①制作遮光棚 先备好长稻草和2～3米长的小竹竿，将稻草的尾端交织在一起缚扎在竹竿上，再用4根与小竹竿长度相同的竹竿或竹片分两边将稻草的另一端夹起来，形成合页。草棚厚度以不透光、不漏雨、能透风为宜。遮光棚也可用其他物品制作。

②韭菜处理 当韭菜长到50厘米高时，将尖端叶片割下10厘米左右，整理韭菜桩，清除残留的枯黄叶片。

③放置遮光棚 遮光棚不能透光，也不能漏雨，但又要从底部有一定的通风量。放置时要使底部有一定的空隙，两棚接口处要重叠10厘米左右，将整行的棚两端用稻草或其他物品堵住。

④软化时间 待韭菜全部黄化即可收割，一般夏季需12～15天，春、秋两季需15～20天，冬季需35～40天。

(3)采收及整理 收割时分段进行，先把遮光棚挪开，用割刀从叶鞘基部割下。撕掉松散脱落的外层叶鞘，摘除萎蔫的叶尖，整理捆把即可。

(4)采后管理 每次收割后，待2～3天韭菜伤口愈合后、新叶快出时浇水追肥，每667平方米施腐熟粪肥500千克、三元复合肥20千克。待青韭生长良好后，进行下一轮的韭黄生产。

143. 韭黄黑色塑料薄膜覆盖栽培技术包括哪些措施？

(1)根株的培养 一般选用 2 年生的健壮根株，露地只收割 1～2 刀青韭，使根株多积累养分，以利于提高韭黄的产量。在覆盖前要重施一次腐熟的人粪尿，并加入少量的尿素作基肥，培肥根株。

(2)扣棚方法及盖前管理 塑料薄膜拱棚的覆盖面积一般以东西向畦长 15～20 米、宽 1.5 米为宜。用 10 号细钢筋作支架，每根截成 2.4 米长，在韭畦上弯成圆拱形，两端插入地下约 20 厘米，每隔 50 厘米插一根，拱顶离畦面 50 厘米，架上用黑色塑料薄膜盖严实，并加以固定。畦的两端插入遮光板，以便通风遮光。另外，准备好草苫用于调节温度，草苫的长、宽以 2.5 米×1 米为宜。盖薄膜前要先清除韭畦内的枯叶、杂草，用韭铲铲去地上绿色部分，待伤口愈合后浇一次透水，2～3 天后再进行覆盖。

(3)覆盖后的管理 黑色薄膜具有吸光性强、增温快、温度高等特点。因此，冬、春两季覆盖要注意降温和通风。为防止高温高湿，避免叶片腐烂，还应在棚的两侧近地面处每隔 3 米埋一瓦筒，加强通风换气。

第一茬韭黄的生长处于冬季低温季节，棚内温、湿度较低，可在棚顶加盖草苫，早揭晚盖，提高棚温，以利于韭黄生长。第二茬韭黄气温逐渐升高，棚内温度加大，应增加两侧瓦筒密度，在原有的瓦筒中间增埋 1 个，延长两端通风时间。白天中午阳光照射强烈时再盖草苫降温，使棚内保持 20℃左右的温度、60%～70%的空气相对湿度，以满足韭黄健壮生长的需要。

144. 如何进行地窖囤韭栽培韭黄？

地窖囤韭又名挖井囤韭。这种栽培方式是在平地挖浅井，井下扩大成窖，窖中栽培韭黄。由于地下温度稳定，因此管理风险较小。该栽培方式适用于地下水位较低、土层深厚紧实的山东、山西省及河北南部、河南北部栽培。

(1)**建窖** 选择地势高、地下水位低、土质黏重、结构紧密的避风向阳处建窖。窖的构造分为窖口、窖身、窖底三部分。窖口直径为1米，深80厘米。窖口以下为窖身，其上连窖口，下连窖底，高2米，以管理人员能伸直腰为宜。窖底平面圆形，直径2～4米，中心留一高6厘米、直径为66厘米的土墩作为管理人员的立足点。在窖底中间留1条宽17厘米的小埂作管理人员的通道。

(2)**根株培养** 一般利用1年生或2年生、生长健壮的根株。根株培养管理要求在网室中进行。

(3)**囤栽** 入冬后韭菜地上部干枯，营养已转入根部和鳞茎，经过休眠期后即可掘根。掘出根后立即整理，去除掉残株、烂叶。将韭根密集地囤积在窖底。囤积方法同囤栽栽培，但囤栽密度可稍松。因窖底不易通风，湿度又大，如挤得过紧，容易腐烂。一般直径为3米的窖底可囤韭根300千克。韭根囤满后，再在根株上撒细沙13～15厘米厚，以利于韭菜发芽整齐。每667平方米网室生产的韭根，可囤4个窖。

(4)**浇水** 韭根覆盖沙子后立即浇水，浇水水量应严格掌握。如水量太少，将影响韭菜生长，使产量及品质下降；水量太多，易发生腐烂。

囤栽后，如果窖底十分潮湿，可见水痕，则无须浇水。如果窖底是沙质土壤，易渗漏，浇水量宜多，以没过根株3厘米为度。黏质土壤保水力强，灌水宜少些，灌水深度与根株齐平即可。浇灌用水以从深井汲取的温度较高的水为佳，如用河水浇灌易降低地温而延迟收获。

(5)**温度管理** 囤后封闭窖口，使窖内保持15℃～18℃，韭菜可生长发育，只是速度稍慢。如果要提高窖温，加快生长，可人工加温，在封窖口前用麦秸 1～1.5 千克放在窖底中心土墩上点燃，等火烧旺后随即将窖口封闭。由于窖内缺氧，火焰自行熄灭，可提高窖温。

(6)**囤后管理** 囤后用木板将窖口盖严，上面再覆盖 60～70 厘米厚的细土。如果窖温较高，可适当留一小孔通风，待温度降低后再封严。

韭菜入窖后，每 8～10 天检查一次水分。如根部湿润，叶色鲜艳，则不必加水。如根部干燥、枯瘦，叶尖萎缩呈红色，则表明水分不足，应浇水 300～350 升。如窖底水多，根部有水滴时，可撒入干沙吸水。如水过多，可将窖中心的土墩挖成坑集水并用勺舀出。

(7)**收获** 从囤韭之日起，约 30 天可收第一刀韭黄，窖底直径为 2.7 米的可收韭黄 100 千克。又过 25～30 天后收第二刀，可收韭黄 50 千克。再过 22～25 天收第三刀，可收韭黄 25 千克，收完后将韭根处理掉。

145. 日光温室生产韭黄怎样促进养分积累和壮根？

韭黄完全在无光条件下生产，其产品全部来自网室条件下生长阶段中积累的营养。因此，在网室条件下，培养肥大的地下茎，是韭黄产量的基础。

立秋后，韭菜进入适温生长期，此时应开始肥水齐攻，促使地上茎叶繁茂生长。结合降雨或灌水追施氮肥，每 667 平方米追施尿素 15 千克。追肥后用镐刨行间，并起小垄培土，以利于韭菜地下茎贮存养分。进入 10 月份后停止追肥浇水，以防止韭菜贪青。秋末冬初，叶片经霜冻下垂，此时要保护茎叶免遭损伤，确保养分返回到地下茎。

146. 如何收割韭黄？

当韭黄长到 60 厘米左右，顶端开始出现枯萎时及时收割。如遇雨淋，尤其是温度高时，极易烂苗，影响产量及品质。

最好在早晨收割韭黄，此时含水较多，组织脆嫩。可先轻轻揭开草棚，挖开畦埂一边的培土，露出软化的白秆，挖土深度以韭根露出为宜。再把韭黄植株用竹竿整齐地压到未铲土的一边，用“7”字形弯月刀紧靠埂壁切割。切割时，注意均匀用力，保证切口齐平，留桩高度一致，切忌割伤叶鞘基部的分生组织。

收割后将韭黄用稻草捆成 0.5 千克左右的小把，放入水中浸 1～2 小时，除去泥土和残叶。大田收割韭黄后，把土耙好，恢复栽培沟（播种沟）和培土埂。待韭黄割口较干后（3～4 天）再行施肥。切忌收割后即施粪水，否则易引起烂蔸。

147. 什么是三色韭菜？

三色韭菜是利用培土遮光和保护设施内地温和气温变化，使韭菜的叶鞘叶片呈现 3 种不同颜色的一种栽培方法。采用该技术虽然增加了一定的劳动强度，但生产出来的韭菜叶鞘柔嫩、细腻，洁白如银，光滑如玉，韭叶肥美鲜嫩，鲜艳夺目，香味浓郁，故有“三色韭”的美称。三色韭品质好、效益高，是韭菜栽培中难度最大的技术体现，也是目前高档精细蔬菜生产的一种方式，使韭菜由传统的绿色变成叶片深绿、叶鞘雪白、中部鹅黄色的三色韭，构成了彩色蔬菜中特殊的一员，深受消费者喜爱。三色韭菜的生产可以是露地栽培，也可以是设施栽培。

148. 如何培育三色韭菜？

三色韭菜是利用培土遮光和保护设施内地温和气温变化，使韭菜的叶鞘叶片呈现 3 种不同颜色的一种栽培方法。

(1)栽培设施及时间 三色韭栽培主要利用风障和草苫。风障用芦苇或高粱秸、竹竿扎成。风障东西延长,一般33米左右,向南倾斜75°~85°。风障前后间距10米左右。东西两侧设南北向风障,以阻挡两侧来风,并设出入口。草苫用稻草编成,宽1.7米,长8.3~10米,厚6.6厘米,每张草苫重约100千克。冬季生产要盖4层草苫。在栽培畦内的南北两侧置砖块或土坯,南北向放竹竿。竹竿撑在土坯上,随韭菜生长而提升高度,以支撑草苫不压韭菜为度。11月下旬韭菜干枯,地上营养回流至根茎。韭菜通过休眠期后即开始覆盖栽培,经60天左右的栽培,春节前即可收获上市。

(2)品种选择 三色韭栽培投资大、成本高,因此一定要选用品质好、产量高、叶肥大的品种。通常用选用大黄苗韭菜。

(3)栽培技术

①网室养根 三色韭栽培一般利用3年生健壮、无病虫害的根株,于春季壮棵、秋季养根。秋季一般不收割,以尽量保证根茎有充足的营养储备。

②建风障、浇冻水 在覆盖薄膜栽培前,应先撤掉网室的防虫网,及时建好风障。一般在11月上中旬建风障。风障建造不宜过早,以免影响营养回根;也不能建造过晚,以免土壤结冻,影响操作。在土壤夜冻昼消时浇冻水,该水是供应整个三色韭冬季生长之用的,与产量有很大关系。如果土壤含水量较大,也可不浇,以免土壤过湿,引起韭根腐烂。冻水浇后,迅速冻结,经覆盖又解冻,这一冻一消有使土壤疏松的作用。

③覆盖 为了争取三色韭在春节前后上市,取得较高经济效益,在栽培畦上应覆盖4层草苫。这4层草苫可使栽培畦地表温度在外界为-20℃时保持5℃左右,能保障韭菜正常生长,不会受冻害。从11月下旬开始覆盖,约60天便可收割。覆盖后最初7~8天,为提高地温,促进萌发,应在晴朗无风的中午,把草苫卷

起，让地面吸收太阳热能，下午1～2时再盖上草苫保温。7～8天后，韭菜萌动时，于上午10时卷起草苫，下午3～4时盖上。掀盖草苫的时间应根据外界气温而定。12月中下旬至翌年2月初，外界气温低，为防止韭菜受冻，应晚揭早盖。可在上午10时后揭开，下午3时盖上。外界气温高、晴朗的天气，可早揭晚盖。在外界气温一直在5℃以下时，为防止韭菜被冻害可不揭草苫。但在连续阴雪天时，为使叶片呈绿色，不可一连3天不揭草苫，否则韭菜将出现黄萎现象。在这种情况下，可在中午稍掀即盖。随着韭菜的长高，草苫下面应用竹竿撑起，用砖块逐渐垫高，以免草苫压伤韭菜。至草苫离地40厘米高时，即可保证韭菜生长需要。

④中耕、培土　覆盖7～8天后，地表化冻，应中耕1次。为提高地温，从覆盖之日起，每隔3～5天中耕1次。韭芽出土后，用人工在韭菜株间松土1次。随着韭菜的生长，培土2～3次，最后土垄高达15～20厘米，使叶鞘软化呈白色。第一刀韭菜生长期间不浇水不追肥。第一刀收后3～4天再浇水，然后进行第二刀管理，其管理同第一刀。

⑤收获　在春节前后收割第一刀韭菜。收割时平掉土垄，每667平方米可收300～400千克。第二刀在3月上旬收割，第三刀在3月底收割。第二刀每667平方米产500～600千克。第三刀收后转入防虫网室栽培。

149. 什么是四色韭菜？

“四色韭”是指用培土方法生产的阳畦韭黄，因其假茎呈白色，叶片中、下部呈黄色，上部呈绿色，尖端呈紫色，故有“四色韭”之称。四色韭菜韭白粗长、洁白细腻、叶片肥厚。四色韭菜是用风障阳畦进行栽培的，属于越冬栽培。

150. 如何培育四色韭菜?

(1)**设施准备** 选择露地生长期间壮棵养根较好的田块,按面积准备好长、宽分别比韭畦多出 60 厘米和 50 厘米的透明塑料薄膜和一定数量的草苫,以供严霜过后、韭菜地上部受冻枯死、土壤尚未封冻时覆盖。

(2)**清畦扒墩** 韭菜干枯后,铺满田间的枯秆、残叶上带有大量的有害病菌,必须彻底清理韭畦。同时,把韭墩内和韭墩周围根部以上的表土挖出畦外,即扒墩。扒墩可提早打破鳞茎休眠,消灭潜入韭墩过冬的韭蛆蛹。扒墩要选择晴暖天进行,用窄锄扒土,扒土深度以露出鳞茎而不伤根为准。扒土后白天敞开晾晒,夜间盖草苫或塑料薄膜防冻。

(3)**浇水施肥** 韭墩扒土晾晒 2～3 天后施肥。每平方米韭畦用粪干 1 千克、尿素 20 克,或单用复合肥 40～50 克(有机肥要提前发酵),选晴天上午将肥料撒在行间,之后喷药杀蛆,再将扒到畦外的表土晒干捣细,填回韭畦搂平,最后浇一次透水。下午向畦面撒一层厚约 2 厘米的细干土,以起到保墒作用。

(4)**覆盖管理** 将备用膜适时平铺在畦面上,畦两侧和两端用土压严,北侧用砖和石块压紧。膜下温度超过 25℃时,用压膜砖块垫在膜下开口通风。下午畦面阳光消失时,在薄膜上覆盖草苫。翌日上午畦面出现阳光时,揭去草苫放在空畦处。阴雪天可不揭草苫。最好能在草苫上再盖一层薄膜,保证草苫不被淋湿。表土层的温度要求白天达到 20℃～25℃,不低于 13℃,夜间不低于 5℃。开春天气转暖后,可早揭晚盖草苫。当日平均气温上升到 5℃时,可不再盖草苫。

(5)**填土培土** 培土是决定“四色韭”能否培育成功的一项重要管理工作,其作用有二:一是把韭菜假茎和叶片下部埋入土中,软化成白色和黄色;二是可支撑覆盖物,使植株不被覆盖物压倒、压伤。培土之前要向韭菜行间填土。当韭叶长出畦面 3～4 厘米时，选晴天中午揭开塑料薄膜，把在空畦晒干晒暖的细土均匀填到韭菜行间，使行间土垄横切呈三角形，三角形顶部高出韭叶 3～5 厘米，底部两侧连接韭墩，并培埋植株深 3 厘米左右。填土后盖回薄膜，继续进行揭、盖管理。当韭叶高度长到超过土垄时，揭开薄膜进行培土，使韭行由沟成垄，行间由垄成沟。经过一次填土和培土，植株埋入土下部分约为 10 厘米。当韭叶长出垄顶 3～5 厘米时即可收割，此时收割的韭菜高 15 厘米左右。也可再次填土培土，此次填培同时完成，使韭菜埋入土中的深度由 10 厘米增加至 15 厘米左右。二次培土收割的韭菜高 20 厘米左右。

(6)**收割技术**　从开始覆盖到第一次收割，培土一次的需 40 天，培土两次的需 50 天左右。收割时适宜的下刀部位是当年生鳞茎顶部 1.5 厘米处。如果割深了会损伤鳞茎而影响以后的产量；割浅了将影响该次收割的产量。为了准确掌握下刀部位，割前最好扒开培土观察一下。收割第一刀后，搂出填到韭畦的覆土，搂平畦面，无须浇水施肥，只需盖回塑料薄膜，继续进行揭盖和培土管理。经 30 天后收割第二刀。割完第二刀，搂出填土后要浇水施肥，每平方米撒施尿素 25 克左右；然后浇透水，继续按以上要求进行揭盖管理。韭株养根较差时，一般只能收两刀。如韭株健壮，可收割三刀，最多时收割四刀。由于软化生长的韭黄质地柔嫩，收割的同时要做到随捆随包装，并要求在 2℃～5℃条件下贮运。

151. 什么是五色韭菜？

五色韭是利用一般的韭菜经采用特殊的方法培育而成的。它以麦糠(麦的颖壳，每 667 平方米施 150～200 立方米麦糠，可使用 2～3 年)为覆盖材料，通过特殊的生产方法，使其从基部到叶梢依次呈现白、黄、绿、红、紫 5 种颜色，是韭菜中的珍品。上冻前在韭菜地四周设高而密的风障，依据一定的方法即可人为地造成五色。

其具体的做法分为5个环节：一是在韭菜休眠后覆3～4厘米厚的园土或细沙土，使叶鞘变成白色，俗称"闷白"。二是覆土后盖麦糠30～40厘米厚，经20天左右选晴天上午把麦糠全部翻在邻近的畦上进行翻晒，下午1时多再将晾晒的麦糠覆回原畦，第二天用同样方法翻晒麦糠，吸热保温，促进韭菜生长。到2月中旬晒糠时间延长到上午9时至下午3时。当韭菜长到8～9厘米时，开始晾色，头茬韭菜从上午10时晾到下午2时，韭菜经较长时间低温控制，出现紫色，俗称"冻紫"。接着再在邻近畦"晾色"。三是在畦内留4～5厘米麦糠不晒，韭菜下部因见不到阳光形成黄色，俗称"晒黄"。四是韭菜靠近麦糠的表层区段，受蓄热麦糠的影响，温度也较高，又得到一定阳光的照射，俗称"出绿"。同时，随着韭菜的长高和不晒糠厚度的增加，绿色和红色部分上移，俗称"赶红"。经过上述反复晒糠过程，使韭菜依次形成白、黄、绿、红、紫5种颜色。

152. 如何培育五色韭菜？

五色韭菜是经过特殊的培植技术，使之具有白、黄、浅绿、红、紫5种色彩，色泽鲜艳，品质好，韭味浓，商品价值高。其基本原理为：利用培土、避光措施使韭菜的假茎变为白色，使叶片基部变为黄色；利用见光栽培措施使叶片中部变成绿色；在较短期的低温条件下使叶片上部的叶绿素转变成红色的花青素以增强抗寒力；让叶尖在较长时间的低温条件下，使叶绿素转变为紫色的花青素。

(1)培养根株 用于五色韭生产的根株除须具有一般扣韭的要求外，培育的韭苗要粗壮，以便承受覆盖物的压力。具有这些特性的较好品种是北京大白根、马蔺韭等。用于培养五色韭的韭根以长足2年的为最佳，即头一年早春播种，养1年根，翌年再养1年根，然后进行生产，这样容易获得较高的产量。采用保护设施适期早播，加强管理，当年播种定植的韭根可当年上市。

(2)定植和盖糠 栽培五色韭采取大撮定植方式，穴距20～

24 厘米，每穴栽 40～50 株并挤紧。在韭菜休眠后覆 3～4 厘米厚的园土或细沙土，使叶鞘形成白色，俗称“闷白”。在五色韭上覆盖麦糠，每 667 平方米韭菜园需 150～200 立方米麦糠(可使用 2～3 年)，在盖麦糠以前要浇足底水，直到翌年 3 月份撤去覆盖物以前不再浇水。

(3)**栽培设施** 培育五色韭主要采用风障畦。风障设在栽培畦北侧，长 30～60 米，高 2～3.3 米，风障越高保温性能越好。风障为东西向，向南呈 75°角倾斜，也可垂直于地面。风障南北间距以不超过 17 米为宜。在风障的东、西两个口也设南北向风障，使栽培畦四周均有风障保护。

(4)**晾晒麦糠** 盖糠后到 12 月底时，韭菜开始发芽，这时要把畦面上盖的麦糠用细齿木杈挑出一部分放到相邻的畦上，把剩下底层麦糠用木杈挑着翻转，即把底层湿糠翻到上面弄平后进行晾晒。晾晒一般在晴天上午 10 时到下午 1 时进行。下午 1 时后要重新挑回麦糠盖上。立春以后延长晾晒时间。晾糠在各畦间交替进行，一般每 3 天晾一遍较好。晾糠的目的是提高地温和提高覆盖物的保温性能。

(5)**搂土灌药** 当晾晒过第二遍或第三遍盖糠的韭苗即将出土时，挑开盖糠露出地面，用长齿耙小心地把韭根旁的土掀到行间，使韭菜暴露在阳光下晾晒 2～3 小时。这时可灌入 90%晶体敌百虫 1000 倍液杀灭韭蛆，然后回填土，盖上麦糠。

(6)**晾色与晾糠** 韭菜长至 7～9 厘米时，假茎呈洁白色，正值晾色的适期，如果假茎已变成黄色则说明晾色时间已晚。晾色与晾糠要结合进行，所不同的是晾色要选阳光充足的晴天进行，连晾 3 天，待韭苗丛中有红色出现时即可结束。晾色和晾糠一样，也是各畦间交替进行。第二轮晾色时不要把麦糠起净，应留 3～4 厘米厚，这样可使茎部软化为黄色。晾色后 2～3 天再照常晾糠，但留糠厚度要随着韭苗长高而逐渐增厚，这样会使晾出的红色随着韭苗长高而逐渐上移。一般头刀五色韭要经过 4 次晾糠、4 次丢糠赶色才能收割。第二刀五色韭生长时由于天气暖和，为赶早上市，经 3 次晾糠、3 次赶色即可收割。

(7)撤糠撤障 3 月下旬撤糠，转入露地生产。第三刀管理与露地栽培一样，应追 1 次肥，浇 3～4 次水，4 月上旬撤去风障，约在 5 月上旬收割一茬青韭，而后进行壮棵、养根栽培，以待入冬再进行五色韭栽培。

2 月中旬至 11 月中旬期间覆盖防虫网，其余时间应揭去防虫网。

153. 大棚韭菜、黄瓜一年二作栽培有哪些优点？怎样进行？

大棚韭菜、黄瓜一年二作栽培，一般每 667 平方米产黄瓜 4000～5000 千克、韭菜 2500 千克，可收入 7000 余元。这种栽培方式主要有以下几个优点：一是提高大棚的利用率，解决了韭菜多年生栽培占地和大棚只利用春季栽培一茬黄瓜的问题；二是韭菜茬为“辣茬”，对土壤中的许多病原菌有抑制作用，因而可减轻黄瓜的连作病害；三是两大茬栽培的都是产量、效益较高的作物，时间要求不严格，总体经济效益高。进行大棚韭菜、黄瓜一年二作栽培，一般在黄瓜拔秧后于 6 月下旬定植韭菜，11 月中下旬扣棚，春节前收获上市，3 月上旬清除韭根。定植黄瓜，于 6 月下旬拔秧。

大棚韭菜的主要管理技术如下：①一般在 11 月中下旬韭菜回苗以后及时扣棚。②扣棚后 5～7 天土壤化冻，立即中耕。随着植株生长培土 2～3 次，每次培土厚 2 厘米以上。③温度管理。白天棚内的气温，第一茬韭菜为 18℃～20℃，第二茬韭菜为 22℃～25℃，夜间均保持 8℃～12℃，不低于 5℃。第三茬韭菜白天为 25℃～28℃，夜间为 13℃～15℃。④肥水管理。扣棚前不浇水，每次收割前 4～5 天浇一次水，每 667 平方米施碳酸氢铵 15～20

千克。韭菜割后新芽长出 7～10 厘米高时开始浇水。⑤通风。温度超过 28C 及每次收割前 4～5 天浇水后均应通风，棚内空气相对湿度控制在 70%～80%。⑥收割。扣棚后经 40～45 天割头茬韭菜，以后每 20 天收割 1 茬，连割 3 茬。为争取春节上市，可适当控制生长，延迟收割。头茬韭菜具 5～6 叶、高 25 厘米以上时收割。每次收割留茬高 1.5 厘米。

154. 韭菜套种甘蓝栽培技术包括哪些关键措施?

韭菜套种甘蓝模式的农时安排如下：韭菜于 4 月下旬露地播种，甘蓝于 12 月下旬至翌年 1 月上旬在韭菜棚内育苗，2 月上中旬在韭菜行间隔行移栽。第三刀韭菜与套种甘蓝同生，第三刀韭菜 3 月上旬割完，甘蓝于 3 月底至 4 月初收获。

(1)韭菜栽培技术

①播种前的准备　一是品种选择。选用外观形状好、营养丰富、风味浓郁，且对病虫害抗性强，抗寒、耐热，产量高的品种。如汉中冬韭、河南 791 雪韭。二是整地。整地前每 667 平方米施优质农家肥 5000～6000 千克，饼肥 150～200 千克，氮、磷、钾含量 15∶15∶15 的硫酸钾复合肥 50 千克，深翻地整平耙细。按地的走向做畦，一般畦宽 1.5 米左右，如扣小拱棚整地时以东西走向为好。

②育苗移栽　一是育苗。4 月中下旬露地播种韭菜。种子用 40℃的温水浸种，而后进行催芽，待胚根伸出后即可播种。采用条播，在畦面上按沟距 20 厘米、沟深 2 厘米开沟，将种子均匀撒入沟内，而后覆土 1～1.5 厘米厚，踏实。播后立即灌水，以保持土壤湿润。从出苗至苗高 15 厘米期间，要小水勤浇，施肥 1～2 次，每 667 平方米施尿素 5～10 千克。苗高 15 厘米后，要防止徒长，控制灌水，不追肥。在整个苗期要及时清除杂草，同时注意查苗补

缺。二是移栽。移栽田每 667 平方米施腐熟农家肥 2000 千克，磷肥 50～60 千克，后整细耱平，在 7 月中下旬以 20 厘米等行距开沟，在沟内撮栽，每撮 10 株，撮距 10 厘米。移栽时，大小苗要分级，地上部叶片留 18～22 厘米剪去叶尖，须根留 7～10 厘米剪齐，深浅以叶鞘入土为宜，要栽齐、栽平、栽实。

③定植后的管理　重点是肥水管理和通风降温排湿，防治病虫。扣膜前以养根壮秧为目标，移栽后随即浇定植水，适时中耕，以后 4～5 天浇 1 次水，直至缓苗。缓苗后，7 天左右浇 1 次水，9 月下旬浇水时结合施肥，每 667 平方米每次施尿素 8～10 千克，施 1～3 次。10 月中旬后停水停肥，小雪后浇冻水，11 月上旬扣棚，根据气候及时扣 2～3 层膜。扣膜后进行中耕松土，40～50 天后韭菜具 5～6 叶、株高 25 厘米以上时割头刀韭菜，25 天后割第二刀，再过 20 天割第三刀。头刀韭白天棚温要保持在 18℃～20℃，二刀韭白天保持 20℃～25℃，夜间保持 8℃～12℃，三刀韭以套种甘蓝为主。

④病虫害防治　病害要重点防治灰霉病，虫害以防治蚜虫为主。预防灰霉病要注意通风、降温、排湿，用 50%腐霉利可湿性粉剂 1500～2000 倍液于每刀韭菜收割后出土前喷洒防治。若已发病，则用腐霉利烟剂熏棚防治。对蚜虫可用 25%噻虫嗪水分散粒剂 4000 倍液，或拟除虫菊酯类农药 3000～5000 倍液，或 10%吡虫啉可湿性粉剂 2000 倍液喷雾防治。

(2)甘蓝的栽培技术

①品种选择　选用中甘十一、中甘十二等早熟甘蓝品种。

②育苗　一般于 11 月下旬至翌年元月上旬在韭菜棚内育苗，每 667 平方米移栽田用种量为 25～50 克。用 50℃温水浸种后晾干，用湿布包好，在 25℃～30℃条件下催芽，有 50%的种子露白时即可播种。播前苗床要浇足底水，棚内温度保持在 30℃～35℃，以利于出苗。苗出齐后，应注意通风降温，保持温度在 25℃左右，

防止徒长。苗龄 40 天后，于 2 月上中旬在韭菜行间隔行移栽，行距 40 厘米，株距 30～35 厘米，每 667 平方米栽 5000～6000 株。

③定植后的管理　定植时浇足定植水，缓苗期(即定植后植株萎蔫至新叶生长的 5～7 天)不浇水，白天温度保持在 30℃～35℃，夜间保持在 12℃～18℃。缓苗后开始通风降温，白天保持 25℃，夜间保持 15℃，在甘蓝莲座期、结球期注意追肥灌水。3 月底至 4 月初，在甘蓝叶球包实时陆续采收上市。

④病虫害防治　甘蓝一般易发生黑腐病，其防治方法是：增大通风口，降低温度和湿度；土壤施肥时用硫酸铜溶液杀菌；发病后用 64％甲霜·锰锌可湿性粉剂 1200 倍液，或 75％多菌灵可湿性粉剂 500 倍液喷洒叶面。为害甘蓝的害虫有棉铃虫、烟青虫、蚜虫等，可用 48％毒死蜱乳油 1000 倍液，或 10％溴虫腈乳油 3000 倍液喷雾防治。

六、病虫害防治

155. 怎样用棉隆进行韭菜保护地的消毒?

棉隆是一种广谱土壤熏蒸剂,可在世界范围内替代溴甲烷,可用于苗床、新耕地,盆栽、温室、花圃、苗圃、本圃、果园等。棉隆施用于潮湿土壤中时,会产生异硫氰气体,迅速扩散至土壤团粒间,使土壤中各种病原菌、线虫、害虫及杂草无法生存而达到杀灭效果。棉隆对土壤中的镰刀菌、腐霉菌和刺盘孢菌等,以及根结和孢囊等线虫有良好防效,对萌发的杂草和地下害虫也有很好的防治效果。棉隆用于韭菜保护地消毒的时间,最好在韭菜复壮时或移栽前对要定植的地块进行消毒,每667平方米用50%棉隆可湿性粉剂50千克。用药前,首先对需要消毒的土壤浇水,以促进杂草和病原物的萌发,然后随着翻地进行施药,把药和土壤充分拌匀,使病原体接触药粒,最后用微膜覆盖土壤封严。最好不要在中午天气暴热时施药。密闭10天后揭开覆盖的微膜。在定植韭菜前要先种上速生菜进行发芽率试验。

156. 怎样识别韭菜疫病? 如何防治?

【危害症状】 以韭菜假茎和鳞茎受害最重。叶片发病,初为暗绿色水浸状病斑,迅速扩展。当病斑扩展到叶片一半时,病部失水缢缩变细,叶片变黄,凋萎下垂、软腐。湿度大时,病部长有白色霉层。假茎发病,病部水浸状,浅褐色软腐,叶鞘易脱落。鳞茎被害,根盘部呈水浸状,浅褐色至深褐色,易腐烂。

【发病规律】 病菌在病株上或随病残体在土壤中越冬。韭菜发病后,在潮湿条件下,病斑上产生大量流动孢子,随风雨和灌溉水传播，孢子着落在叶片上，在温度适宜并有水滴存在时侵入韭菜，引起再侵染。在生长季节中可发生多次侵染，使病株不断增多。高温、高湿有利于疫病的发生，发病最适宜温度为25℃～32℃。降雨多，高湿闷热时发病重。夏季是露地韭菜疫病的主要流行季节，夏季多雨年份常发生疫病大流行。山东地区以7月中下旬至8月上旬为盛发期，以后随着降雨减少而流行减缓，10月下旬后露地发病基本停止。重茬地、老病地、土质黏重、排水不畅的低洼地、积水地和漫灌地块发病重。拱棚内韭菜因棚内湿度大、温度较适宜，发病早、病势发展快，受害重。3月中旬以前拱棚内温度达到25℃，若通风不及时，浇水量过大，湿度增高，韭菜幼嫩、徒长，可造成疫病大发生，危害较重。

【防治方法】 在夏季高温多雨季节发现韭菜疫病中心病区时，要及时喷洒66.8%丙森·缬霉威可湿性粉剂700倍液，或69%烯酰·锰锌可湿性粉剂600～700倍液，或60%氟吗·锰锌可湿性粉剂700～900倍液，或52.5%唑菌酮·霜脲氰水分散粒剂1500倍液，或60%羧酸磷铜可湿性粉剂500倍液，或72%霜脲·锰锌可湿性粉剂700倍液，每隔10天左右喷1次，连续喷2～3次。

157. 韭菜灰霉病的症状是什么？如何防治？

韭菜灰霉病是保护地韭菜的重要病害。条件适宜时，韭菜灰霉病从初见侵染点到点片发生仅需一昼夜时间，从点片发生到整棚暴发流行仅需2～9天。因此，必须严防韭菜灰霉病的发生。

【危害症状】 韭菜灰霉病主要危害叶片，其症状有白点型、湿腐型和干尖型之分。白点型：初在叶片正面或背面生白色或浅灰褐色小斑点，致使全叶或半叶焦枯。湿腐型：生长期或贮运期内湿度过高时，常出现湿腐型症状，病叶不产生白点，而逐渐腐烂并呈深绿色，枯叶表面密生灰至绿色绒毛状霉，伴有霉味。尤其在贮运期间，韭菜扎成捆，灰霉病相互污染和传染的速度加快，致使成捆的韭菜烂成一堆泥，造成严重的经济损失。干尖型：自割茬刀口处向下腐烂，初呈水渍状，后变绿色，有褐色轮纹，病斑扩大后多呈"V"形，并可向下延伸2～3厘米，呈黄褐色，表面生有灰褐色或灰绿色绒毛状霉。

【发生规律和传播途径】 灰霉病菌随病残体在土壤中及病株上越冬，随气流、雨水、灌水传播。温度高时产生菌核越夏，低温高湿发病重。秋末初冬扣膜，韭菜出叶后，空气相对湿度在85%以上，特别是夜间叶面结露，有水膜时更有利于发病。在保护地覆盖下生长的韭菜，光照弱，组织柔嫩，更有利于灰霉病菌侵入。

【防治方法】 ①控温降湿。根据天气变化情况，在中午适量打开薄膜通风降温、降湿。通过通风调控，使棚室内的最高温度超过25℃，昼夜温差超过10℃，棚内空气相对湿度控制在70%以下。注意在棚室边缘增加围裙，严禁由底口通风。②清理病叶老叶。每次收割韭菜时，要将割下的韭菜全部带出棚外，而后再清理捆扎。对清理出的病叶、老叶等集中深埋。③轮作倒茬。重病田应与十字花科、葫芦科等蔬菜轮作2～3年，不可与葱、蒜轮作。④药剂防治。药剂防治有烟熏、喷粉和喷雾3种方法。烟熏法可选用10%腐霉利烟剂或45%百菌清烟剂或15%腐霉利烟剂，每667平方米用药200～250克，于傍晚分4～6个点放置，用暗火点燃后立即密闭大棚烟熏一夜，翌日开棚通风。喷粉法即在傍晚喷5%百菌清粉尘剂，每667平方米喷药1千克，喷后密闭大棚过夜。喷雾法即选用50%腐霉利可湿性粉剂1000～1500倍液，或50%异菌脲可湿性粉剂1000倍液，或75%百菌清可湿性粉剂600倍液喷雾。喷雾宜选在晴天上午进行，喷雾后要及时通风，以降低空气湿度。烟熏法和喷粉法效果优于喷雾法，因其不增加湿度，防治较为彻底。

158. 韭菜菌核病的症状是什么？如何防治？

韭菜菌核病又称白腐病，是韭菜上的重要病害。该病分布普遍，其病原菌还可危害葱蒜类蔬菜。

【危害症状】 该病主要危害叶片、叶鞘和假茎。患部变褐、湿腐状，终致植株枯死。病部为棉絮状菌丝所缠绕，并着生由菌丝纠结而成的菜子状小菌核。幼嫩菌核乳白色或黄白色。老熟菌核茶褐色，易脱落。

【病原及发病特点】 病原为半知菌亚门的白腐小核菌和齐整小菌核。病菌主要以菌核随病残体遗落在土中越冬，借助灌溉水和雨水溅射传播，菌核萌发菌丝进行初侵染，田间病害蔓延主要通过菌丝的攀援和接触传染。湿度是本病发生流行的重要因素，多雨的年份和季节易发病。种植地低洼、过分密植或雨后受涝，或偏施氮肥，往往发病加重。品种间抗病性差异情况不明。

【防治方法】 对韭菜菌核病的防治，应采取以加强栽培（如肥水管理）为基础、及早喷药预防的综合防治措施。具体应抓好下述环节：①选用抗病品种。各地应根据当地食用习惯和市场需求对根韭、薹用韭、叶用韭的现有品种通过引种和系统调查观察，以尽快选育出适应性广、抗逆性和抗（耐）病强的品种。②管理好肥水，创造有利于韭菜生育、不利于发病的栽培环境。注意整治种植地排灌系统，防止种植地积水和受涝；合理密植；勤施薄施肥料，避免过施、偏施氮肥；定期喷施富含微肥的叶面营养剂，促使植株稳生稳长，缩短割韭周期，改善株间通透性，有助于减轻发病。③及时喷药，预防控病。从每次割韭后至新株抽生期开始喷药预防。可用50%腐霉利可湿性粉剂2000倍液，或50%异菌脲可湿性粉剂1000～1500倍液，或50%乙烯菌核利可湿性粉剂1000倍液，或5%井冈霉素水剂400～500倍液，或50%菌核净可湿性粉剂800～1000倍液，或75%百菌清可湿性粉剂800倍液加70%甲基硫菌灵可湿性粉剂 800 倍液喷洒，每隔 7～15 天喷 1 次，连续喷 2～3 次或更多，交替施用药剂，前密后疏，着重喷植株基部及地面。

159. 韭菜锈病的症状是什么？如何防治？

【危害症状】 该病主要侵染叶片和花梗。初始在表皮上产生纺锤形或椭圆形隆起的橙黄色小疱斑即夏孢子堆，病斑周围具黄色晕环，后扩展为较大疱斑，其表皮破裂后，散出橙黄色夏孢子。叶两面均可染病，后期叶及花茎上出现黑色小疱斑，为病菌冬孢子堆。病情严重时，病斑布满整个韭菜叶片，失去食用价值。

【发病规律】 由担子菌门葱柄锈菌侵染所引起。南方以菌丝体或夏孢子在寄主上越冬或越夏。夏孢子借气流传播蔓延，遇有适宜条件，重复侵染不断进行，一般春、秋两季发病重。如冬季温暖则有利于夏孢子越冬，夏季低温多雨有利于其越夏。夏孢子是主要侵染源。天气温度高、露水多、雾大，或种植过密、氮肥过多、钾肥不足时，发病重。

【防治方法】 选用适应不同时期栽培的优良品种，可减少发病。轮作，减少病原累积；合理密植，做到通风透光良好；雨后及时排水，防止田间湿度过高；采用测土配方施肥技术，多施钾、钙肥，提高抗病力；收获时，注意清洁畦面；发病初期及时喷洒 15%三唑酮可湿性粉剂 1500 倍液等措施，可防止或减少发病。使用三唑酮时，要注意安全间隔期，采收前 7～10 天停止用药。

160. 如何识别韭菜茎枯病？怎样防治？

【危害症状】 该病主要危害花茎，也能危害叶片。茎部染病时初期呈现褪绿长圆形病斑，后期全叶变成灰白色，上面密生小黑点，即病菌的分生孢子器。叶片染病后，叶面上病斑呈梭形或长椭圆形，边缘不清，后期也出现小黑点，发病严重时叶片枯死，花茎折断。

【发病规律】 病菌以菌丝体或分生孢子器在病残体上越冬。条件适宜时，分生孢子器吸水后逸出分生孢子，借水流、风吹、农事操作传播蔓延进行初侵染，病症显出后，又产生新的分生孢子进行再侵染。高温季节、高温条件下易发病，管理粗放、植株长势衰弱的田块发病重。

【防治方法】 ①选择抗病的品种，如河南791雪韭。②加强田间管理，秋季将韭菜的残体及时清理出韭菜田并进行集中处理，减少病源；及时清除田间的杂草，创造韭菜适宜的生长环境，合理施肥，适当降低氮肥的用量，培养健壮的植株。③发病初期用64%噁霜·锰锌可湿性粉剂600倍液，或70%代森锰锌可湿性粉剂800倍液，或75%百菌清可湿性粉剂1000倍液喷雾防治，一般每隔7天左右喷1次，连续喷药2～3次。采收前10天停止用药。

161. 韭菜黑斑病有什么症状？如何防治？

【危害症状】 韭菜黑斑病主要危害叶片、花梗和鳞茎。叶片、花梗染病初期有浅褐色卵圆形至纺锤形条斑，后变为黑褐色，有轮纹，空气湿度大时表面密生黑色霉层，叶片病斑相互连接后全叶干枯。花梗染病后易倒折，鳞茎染病多变黑、腐烂，种子发育不良。

【发病规律】 病菌主要以菌丝或分生孢子在种子或病残体上越冬，翌年春天附着在种子上的分生孢子或潜伏在种皮内的菌丝形成分生孢子，借气流、雨水及农事操作进行传播，在适宜条件下经气孔或伤口侵入，也可直接穿破表皮侵入，进行初侵染和再侵染。高湿条件下发病重。

【防治方法】 ①施用充分腐熟的有机肥，合理密植，降低田间湿度，以减少发病。②秋季收获后对韭菜的残体进行及时的清理，并带出田间进行处理，减少翌年春季的侵染源。播种前对种子进行消毒处理。③韭菜春季浇水实行“浇小水”，避免大水漫灌。雨季到来后，雨后要及时进行排涝，防止田间积水。④发病初期可喷

47%春雷·王铜可湿性粉剂1000倍液，或50%异菌脲可湿性粉剂1000倍液，或70%代森锰锌可湿性粉剂800倍液液，或75%百菌清可湿性粉剂800倍液进行防治，一般连续交替用药2～3次，收获前10天停止用药。

162. 韭菜炭疽病有什么症状？如何防治？

【危害症状】 该病主要侵害叶片和叶鞘表面，出现湿润状白色小点，逐渐扩大成浅褐色至深褐色近圆形的病斑，大小可达0.5～1厘米，病斑周围有一圈约1～2毫米宽的黄晕，以后发展成近椭圆形至长梭形或不规则形白色坏死枯斑，病健界限明显，最后在病斑表面产生黑色小点。病害严重时，叶片上病斑密布，相互连接成片，其间还有橘红色的黏稠小液滴，这是病菌的黏分生孢子团。天气干燥时病斑中部易破裂穿孔，许多病斑相连时可使叶片早枯，短期内即可使叶片枯死。

【病　原】 该病由半知菌刺盘孢真菌侵染所致。病部所见黑色小粒点是病菌的分生孢子盘和分生孢子，分生孢子盘似浅盘碟状，有很多黑色刚毛，长90～120微米，有2～3个横隔膜，孢子盘基部长出短杆状分生孢子梗，其上长出大量长圆形、无色、单细胞的分生孢子，内有1～2个油球，分生孢子大小为14～20微米×4～6微米。

【发生规律和发病条件】 病菌以菌丝体及分生孢子盘在病残体或土壤中越冬，翌年长出分生孢子通过风雨溅散或昆虫传播。在适宜条件下，分生孢子萌发长出芽管进行初次侵染。高温、多雨、潮湿的天气有利于该病的发生和流行，因这种天气对炭疽菌的生长、分生孢子的形成、传播和萌发、侵染有利。在诸多栽培因素中，作物连作或邻作，病菌来源多；地势低洼、排水不良，种植密度过大，田间湿度高；土壤瘦瘠、施肥不足或偏施氮肥等，都有利于诱发炭疽病。

【防治方法】 一是翻耕土壤，整平土地，注意合理密植，保持株间通风透光。二是施足粪肥，氮、磷、钾肥合理配合；灌水时应灌小水，防止大水漫灌；雨后注意排除田间积水，锄净田间杂草。三是重病地与非葱类作物进行2年以上轮作。四是发病初期及时喷药防治，可喷洒80%福美双可湿性粉剂800倍液，或50%多菌灵可湿性粉剂500～600倍液，或10%苯醚甲环唑水分散粒剂1000倍液，或50%福美双可湿性粉剂500倍液，或70%甲基硫菌灵可湿性粉剂600倍液，或25%丙环唑乳油1000倍液，或30%苯噻氰乳油2000倍液，或40%多·硫胶悬剂600倍液，或2%春雷霉素可湿性粉剂800倍液，或2%多抗霉素可湿性粉剂250倍液，或15%三唑酮乳油1500倍液加50%多菌灵可湿性粉剂500倍液等。每隔7～10天喷1次，连续喷3～4次。

163. 韭菜紫斑病有什么症状？如何防治？

【危害症状】 该病主要危害韭菜、洋葱、大葱、大蒜等。在韭菜上主要危害叶片、花梗。病斑首先从叶尖开始发生，或在蓟马为害的伤口处形成，初期在叶尖或花梗上出现近椭圆形至梭形的白色小病斑，灰色至浅褐色，中央微紫色，有黑灰色的霉状物，略凹陷，以后逐渐扩大成黄褐色至灰褐色，纺锤形或椭圆形病斑，呈暗紫色，形成同心轮纹，边缘具黄色晕环。空气潮湿时，病斑上产生轮纹状紫红色或紫褐色霉层。病斑扩大到全叶时，常使韭菜叶自下而上变黄枯死或折断，严重影响韭菜的产量和品质。

【病原及发病条件】 紫斑病的病原菌属半知菌亚门真菌。病原菌以菌丝附着在病残体上在土壤中越冬，或在韭葱类植物上辗转为害，借气流、雨水传播，从气孔、伤口或直接穿透表皮侵入。在温暖多湿的条件下容易发病，生长后期易感病。沙质土、旱地、早苗、老苗、缺肥、生长衰弱、蓟马为害严重的田块发病重。排水快，土壤透气性好，感病较轻。近期内灌过水的发病重。

【防治方法】 ①清洁田园、清除病残体等传染源。②加强管理，多施基肥、追肥，使韭菜生长健壮，以增强其抗病力。发病后要控制灌水，以降低土壤湿度，及早防治蓟马，以免造成伤口。③药剂防治。发病初期用75%百菌清可湿性粉剂600倍液，或64%噁霜·锰锌可湿性粉剂500倍液，或50%异菌脲可湿性粉剂1500倍液，或铜铵合剂500倍液，或2%多抗霉素30毫克/千克液，或70%代森锰锌可湿性粉剂500倍液，或50%乙烯菌核利水分散粒剂800倍液，或80%代森锰锌可湿性粉剂600～800倍液等药剂喷雾，各种药剂应交替使用，每7～10天喷1次，连续防治3～4次。在每10千克药液中加入10克有机硅渗透剂，可增加药液的黏着性。

164. 韭菜斑枯病有什么症状？如何防治？

【危害症状】 该病菌主要危害叶片，初发病时叶片上产生褪绿色小斑点，病斑扩大为椭圆形，在阴雨天气或土壤潮湿度大时，病叶腐烂。

【病　　原】 该病病原为壳针孢菌，属半知菌亚门真菌。分生孢子器球形，黑褐色，埋生于表皮组织下，后孔口露出表面，遇水从孢子器孔口逸出孢子角，内含大量分生孢子。分生孢子无色，丝状，直或稍弯曲，有0～7个隔膜，多数为3个隔膜。

【传播途径和发病条件】 病菌主要以菌丝体潜伏在种皮内越冬，可存活1年以上。菌丝体也可在病残体及种株根部越冬。病菌可随带菌种子调运，做远距离传播。播种带菌的种子，长出的幼苗即为病苗。在病残体上越冬的病菌，在条件适宜时，产生分生孢子器和分生孢子，借风或雨水飞溅及农事操作传播，将分生孢子传播到韭菜上。在有水膜存在的状况下，孢子很快萌发，产生芽管，从气孔或直接穿透表皮侵入。发病后，病斑上产生分生孢子器及分生孢子，进行再侵染。在温度为20℃～25℃和空气相对湿度为

100%的条件下，病害潜育期仅 8 天左右，故在韭菜生长季内可以多次侵染，蔓延危害。

【发病原因】 ①病原菌在病残体上或随着病残体进入土壤中越冬，当天气冷凉后，易引起发病。②此病菌适宜温度为 25℃，空气相对湿度高于 85%以上，极易发生或流行。③植株种植过密，氮肥用量过大、钾肥不足，植株长势过弱，易发病。④地势洼、透风透气透光不良等因素都易造成该病的发生或流行。

【防治措施】 ①选用抗病良种，如汉中冬韭、河南 791 雪韭、平韭二号等。②每 667 平方米施充分腐熟的有机肥 4000～5000 千克，科学配合无机的氮、磷、钾肥，并要及时追肥。③灌水要适宜，不能大水漫灌，不要走空水，以提高韭菜抗病力。④创造通风、通气、透光良好的条件。白天温度保持 23℃～26℃，空气相对湿度不要超过 85%。⑤收获时，对发病比较严重的田块要尽可能低割，加强清洁畦面工作。当韭菜嫩芽出土后 3～4 厘米高时，喷洒 70%甲基硫菌灵可湿性粉剂 600～800 倍液，或 75%百菌清可湿性粉剂 600 倍液，或 60%羧酸磷铜可湿性粉剂 500 倍液，或 64%噁霜·锰锌可湿性粉剂 500 倍液，或 40%多·硫胶悬剂 500 倍液，或 40%多菌灵胶悬剂 500 倍液，或 70%代锌锰锌可湿性粉剂 400 倍液，或 50%福美双可湿性粉剂 400 倍液，或 80%代森锰锌可湿性粉剂 800～1000 倍液，或 1∶0.5∶100 波尔多液喷雾，每隔 7～8 天防治 1 次，连续防治 3 次。

165. 韭菜枯萎病有什么症状？如何防治？

【危害症状】 夏季高温季节，雨后暴晴时，叶片中部或接触地面的叶尖部出现水烫样的症状，严重时所有叶片都呈烫伤状，继而完全枯死。发病后的根株虽可萌生新株，但有时再萌发的韭菜仍然会继续发病，除非到了秋后才可慢慢恢复，但恢复其生长势需要较长的时间，并须加强肥水管理，发生枯萎病的韭菜产量和品质均受到影响，严重时造成绝产。

【发病原因】 枯萎病病菌侵染常与高温、地面积水、连阴雨或暴雨后骤晴有关。特别是雨后暴晴可能引起病害在2～3个小时内突然暴发。但该病的发生也和韭菜生长势有关，株龄过老，生命力减退，或收割过早，收割次数过多，鳞茎、根茎内贮积养分少，或培土过高等，都易发生此病。

【防治方法】 ①农业防治。露地养根期间，适当控制水分，避免徒长，伏天雨季注意及时排涝，闷热雨后要抓紧用井水轻浇快浇，以降低地面温度。对倒伏或有倒伏趋势的韭菜要进行合理处理。②药剂防治。一是用芸薹素内酯3～4毫升＋75％百菌清20克＋58％甲霜·锰锌25克＋红糖100克＋醋50克混合后，对水15升均匀喷雾，每隔5～7天喷1次，连喷2～3次。二是用芸薹素内酯6～7毫升＋50％腐霉利20克＋70％甲基硫菌灵30克＋红糖100克＋醋50克混合后，对水15升均匀喷雾，每隔5～7天喷1次，连喷2～3次。

166. 如何识别和防治韭菜霜霉病?

【危害症状】 有鳞茎带菌引起系统侵染时，病株矮化，叶片扭曲畸形，叶色失绿，呈苍白绿色。天气潮湿时，叶片与茎的表面遍生白色绒霉；干燥时，在叶片上有白色斑点。生长期间感病，叶和花梗病斑椭圆形或长椭圆形，边缘不明显，浅黄绿色至黄白色，长白霉、紫霉，后期干枯。叶片中间或下部受害，出现病斑时，叶垂倒后干枯，植株可连续长出新叶。假茎早期发病，上部生长不均衡，致使病株扭曲，后期假茎被害处常破裂。

【病原及发病条件】 葱类霜霉病为真菌病害。病菌主要以孢子随同病株残体遗留在土壤中越冬，或以菌丝潜伏在鳞茎及其侧生苗中越冬。翌年春天条件适宜时，孢子由雨水反溅，附在叶片上萌发产生芽管，从气孔侵入寄主。带菌的鳞茎或种苗可直接感染。

种子中也有潜伏的菌丝，表皮也常黏附着孢子。发病后，病斑产生大量孢子囊，借气流传播，也可靠雨水或昆虫传播。

葱类霜霉病的发生与气候有密切关系。白天温暖，夜晚凉爽，多雨多雾，空气湿度大，土壤含水量大，有利于该病发生。

发病的温度范围为13℃～18℃，15℃为最适宜的发病温度。该病适于潮湿低温的环境条件，不耐干燥和日晒。孢子主要靠潮湿的气流远距离传播。此外，在土壤黏重、排水不良、大水漫灌、生长势弱的情况下，发病严重。

【防治方法】

①品种选择。不同的品种抗病性有一定差异，要选用抗病品种。②留种子。在无病区或无病植株上留种，防止种子带菌。对带菌的种子可用50℃的温汤浸种25分钟。③轮作。发病地应与非葱蒜类作物实行2～3年的轮作。④田间管理。选择地势高燥、通风、排水良好的地块栽培。施足有机肥，增施磷、钾肥，以提高植株抗病力。合理灌水，降低田间湿度，增加中耕次数，避免发病条件。收割后彻底清除病株残体，减少菌源。⑤药剂防治。发病初期即进行药剂防治，可用40%乙膦铝可湿性粉剂250倍液，或25%甲霜灵可湿性粉剂800倍液，或75%百菌清可湿性粉剂600倍液，或64%噁霜·锰锌可湿性粉剂500倍液，或72.2%霜霉威800倍液喷洒，每隔7～10天喷1次，连喷3～4次。

167. 如何识别和防治韭菜软腐病？

【危害症状】 韭菜软腐病为细菌性病害，主要危害叶片及茎部，病重时累及根部。叶片、叶鞘初生灰白色半透明病斑，扩大后病部及茎基部软化腐烂，并渗出黏液，伴有较浓的臭味，严重时鳞茎和根系腐烂，植株成片倒伏死亡。

【发病规律】 病原细菌主要随土中病残体或未腐熟的有机肥越冬。该病在高温多雨季节易发生，病菌在田间借雨水、灌溉水及小昆虫活动传播蔓延，从伤口或自然孔口侵入。雨后畦面积水不能及时排除，土壤的湿度过大，抑制根系呼吸，植株生长受到抑制，病菌侵入后容易引发韭菜植株和根系的腐烂。低洼地积水或土质黏重的地块发病重。韭菜植株高大，群体密集，通风透气不良，特别是倒伏时极易发病。

【防治方法】 ①雨季到来之前停止浇水，适当蹲苗，直至叶色深绿并呈轻度“干尖”时才浇水，这样植株健壮，可提高其抗病能力。②及时将韭菜的植株通过网绳、钢丝进行支架，防止倒伏，提高通风透气性。③雨后及时排水，降低土壤湿度，防止涝害。④选用抗软腐病的品种。⑤及时防治害虫，减少虫口，降低染病机会。⑥发现病株及时进行防治，可用72%农用硫酸链霉素可溶性粉剂3000倍液，或77%氢氧化铜可湿性粉剂1000倍液，或47%春雷·王铜可湿性粉剂1000倍液，或90%新植霉素可溶性粉剂3000倍液，或50%丁戊己二元酸铜可湿性粉剂600倍液进行喷雾防治，每隔7天左右喷1次，连续喷2～3次。

168. 如何识别和防治韭菜白绢病？

【危害症状】 韭菜须根、根状茎及假茎均可受害。根部及根状茎受害后软腐，失去吸收功能，导致地上部萎蔫变黄，逐渐枯死。假茎受害后易软腐，外叶首先枯黄或从病部脱落，重者整个茎秆软腐倒伏死亡。所有患病部位均产生白色绢丝状菌丝，中后期菌丝集结成白色小菌核。在高温、潮湿条件下，病株及其周围地表都可见到白色菌丝及菌核。

【侵染循环】 病原以菌核在菌丝遗留在土中或病残体上越冬。翌年气温回升后，在适宜条件下产生菌丝从地下须根、根状茎或假茎的地表处侵入，形成中心病株，再向四周扩展，借雨水、灌溉水、施肥等传播蔓延。新种植区的初侵染源主要来自种子中混入的小菌核，老种植区的初侵染源主要来自土中菌核。6～10月份均可发病，尤以在6～8月份大雨后的高湿条件下发病重。

【防治方法】 ①农业防治。一是施用充分腐熟有机肥，避免粪肥带菌。二是播种前将种子过筛，尽量除去小菌核。三是田间部分植株开始发病时，要连根拔除病株销毁，甚至可将病株穴内的土壤取出韭菜地外，并在病株穴内及其附近泼浇药液或施用石灰杀菌。四是重病区提倡间套作，降低田间湿度。韭菜植株矮小，如纯作，往往通风不良，株间湿度较大，有利于发病。可采用宽窄行栽培，在宽行中种植茄果类、豆类等蔬菜，实行高矮搭配种植，这样不仅可降低田间湿度，还可充分利用土地，提高经济效益。五是加强管理。天旱时注意灌水，防止植株衰弱，提高抗病能力；久雨不晴应注意排水，降低田间湿度，创造不利于发病的条件。②药剂防治。发病初期开始喷15%三唑酮可湿性粉剂1000倍液，或40%氟硅唑乳油5000倍液。采收前7天停止用药。也可施用木霉菌，用培养好的木霉菌在发病前拌土或制成菌土撒施。每667平方米用菌1千克，用菌量约占菌土的0.3%～1.2%。

169. 如何识别和防治韭菜白粉病？

【危害症状】 韭菜白粉病主要危害叶片，发病初期在叶背面产生斑块状白色霜状霉层，不久叶表面开始失绿，出现浅黄色斑块，严重时叶片变黄、下垂、枯萎。大棚温度适宜，湿度大，很容易发生白粉病。

【发病规律】 病菌可在温室蔬菜上存活而越冬，如产生闭囊壳则可以闭囊壳随同病株残体留在地中越冬。病菌越冬后产生分生孢子，借气流传播。分生孢子萌发后，产生侵染丝直接侵入表皮细胞。菌丝体匍匐于寄主表皮上不断伸展蔓延。病菌从孢子萌发到侵入仅需20多个小时，故病害发展很快，往往在短期内造成大流行。在10℃～30℃条件下病菌均可以活动，最适温度为20℃～25℃。空气相对湿度为45%～75%时发病快，低于25%时分生孢子也能萌发引起发病，超过 95%则病情显著受抑制。

【防治方法】 ①农业防治。及时清除杂草、病叶，减少病源。加强田间管理，增施磷、钾肥，培育健壮植株，提高抗病能力。②药剂防治。发病初期用 70%甲基硫菌灵可湿性粉剂 1000 倍液，或 75%百菌清可湿性粉剂 800 倍液，或 50%多菌灵可湿性粉剂 600 倍液，或 50%醚菌酯干悬浮剂 5000 倍液喷洒叶片，每隔 7～10 天喷 1 次，连续喷 2～3 次。

170. 如何识别和防治韭菜病毒病？

【症　　状】 韭菜病毒病夏季发生较多。韭菜染病后，植株生长缓慢，叶片变窄或披散，叶色褪绿，沿中脉形成变色黄脉，呈条状，后期叶尖黄枯。发病重的植株矮小或萎缩，最后植株枯萎死亡。

【发病规律】 韭菜病毒病主要在韭菜根部越冬，翌年春季韭菜发芽或生长时，其病毒扩散到地面的叶片中，开始显露病症。该病毒可在收割韭菜时由割刀传播蔓延，使该病迅速扩展。此外，病毒还可以通过蚜虫等昆虫进行传播，一般昆虫吸食病株 5～20 分钟即可获毒进行有效传播。传毒是非持久性的，种子不带毒，土壤也不传播。高温、干旱、蚜虫多时，发病较重。

【防治方法】 ①选用抗病品种，如平韭 2 号。②发现病株后，及时进行挖除，将病株整个根系全部挖出，对病株要集中销毁处理，防止扩大侵染。③收割韭菜时，先收割健壮的韭菜植株，最后收割病毒株，防止互相传染。割刀要进行消毒，可用 10%磷酸三钠溶液浸泡割刀。④加强肥水管理，提高植株的抗病毒能力，及时清除田间的杂草，防止昆虫滋生。⑤发现蚜虫为害韭菜时，及时喷洒 10%吡虫啉可湿性粉剂 2500 倍液或 3%啶虫脒可湿性粉剂 2000 倍液杀灭传播媒介。⑥发病初期，可用 3.9%吗胍·乙酸铜可湿性粉剂 1000 倍液，或 8%宁南霉素水剂 1000 倍液，或混合脂防酸1000倍液，或5%菌毒清水剂600倍液，或0.5%菇类蛋白多糖水剂500倍进行喷雾防治。收获前10天停止用药。

171. 韭菜枯叶原因及防治措施是什么？

韭菜生长期常发生叶片干枯现象，一些菜农往往对植株地上部喷施杀虫剂，由于药不对症，所以防效不佳。因为韭菜发生枯叶有的是疫病、灰霉病引起的，有的是生理性病害引起的，喷施杀虫剂无疑是"南辕北辙"。而葱蝇、迟眼蕈蚊等地下幼虫引起的枯叶，对地上部喷施药剂，防治部位也有问题。防治韭菜枯叶要做到对症下药才好。

(1)疫病引起的枯叶的防治　疫病是保护地韭菜的主要病害。受害部位均出现水渍状，叶片与花薹病部为深绿色，而根与鳞茎则为浅褐色，病部均无明显边缘。潮湿时病部产生白色稀疏的霉，干燥时病叶变成枯黄色。染病的植株根、茎软腐，不能正常地吸收水分和养分，致使地上部分折倒或干枯。疫病的发生与排水有关，防治时要注意排水降湿和轮作，在发病初期可用25%甲霜灵600倍液，或58%甲霜·锰锌可湿性粉剂500倍液，或40%乙膦铝可湿性粉剂200～300倍液喷雾，每隔7～10天喷1次，连喷2～3次。

(2)灰霉病引起的枯叶的防治　发病时先由叶片尖端向下发展，发病初期叶片正面和背面产生白色或浅褐色花斑，随着病情的发展，病斑扩大成梭形或椭圆形，最后病斑成片，病叶干枯。空气潮湿时，病叶上产生灰至灰绿色而又密集的霉层。防治上除排水降湿外，可用50%腐霉利可湿性粉剂1000～1500倍液，或20%三唑酮可湿性粉剂800～1000倍液，或50%多菌灵可湿性粉剂600倍液喷洒，在韭菜收割后及苗高5～8厘米时各喷1次。

(3)根蛆引起的枯叶的防治　根蛆是近年来发生的害虫，主要是葱蝇和迟眼蕈蚊。根蛆钻入鳞茎里蛀食，一蔸常有十几条甚至几十条幼虫，受害的鳞茎被蛀食成空洞，引起腐烂叶片枯黄、凋谢致死。可用晒根、施草木灰或每 667 平方米用 5%辛硫磷颗粒剂 2 千克拌细土撒于韭菜根附近再覆土。幼虫为害期，发现叶尖开始发黄、变软向地面倒伏，可灌药防治，可扒开根际表土，用 75%辛硫磷乳油 500 倍液或 20%吡·辛乳油 1000 倍液，对根喷灌，随之覆土，以上午 9～10 时喷施效果最好。在成虫羽化期(4 月中下旬、6 月中旬、7 月中下旬、10 月中旬)喷 10%吡虫啉可湿性粉剂 2000～2500 倍液，或 75%辛硫磷乳油 1000 倍液，或 2.5%溴氰菊酯可湿性粉剂 3000 倍液，以上午 9～10 时喷施效果为好。迟眼蕈蚊成虫喜欢在荫蔽、潮湿、腐殖物等处栖息，在夏秋之间疏叶通风可减轻该虫害发生。该虫对灯光有趋性，还可以用频振式杀虫灯诱杀。

(4)生理病害引起的枯叶的防治 韭菜发生干尖、叶枯、死株现象，有时还与土壤酸化、氨中毒、高温(35℃以上)及低温引起的白尖烂叶有关，缺钙、缺硼、锰过剩亦会引起叶尖黄化，可有针对性地采取防治措施。

172. 防治韭菜虫害有哪些非化学防治方法?

(1)扣防虫网 撤棚膜后，及时扣上 60 目以上的防虫网。

(2)浇灌沼气液 播种前用 70%的沼气液浇灌，水面保持 8 厘米以上，可较好防治韭蛆和其他地下害虫。生产期用 50%～60%的沼气液浇灌，水面保持 8 厘米以上，可较好地控制韭蛆为害。

(3)物理防治 在韭蛆田内按每 667 平方米安装 1 盏频振式杀虫灯，于 5～10 月份的夜间开灯进行诱杀。按糖、醋、酒、水 3∶3∶1∶10 的比例配制糖醋液，按每 20 平方米悬挂一块黏虫板诱杀韭蛆成虫。每 667 平方米用硫酸铜 1 千克灌根，防治韭蛆。在田间种植驱蚊香草、蓖麻等驱蚊驱虫植物。

(4)生物防治 用 5%天然除虫菊素乳油 1000～1500 倍液喷

雾防治，可较好地防治韭蛆成虫、潜叶蝇和葱须鳞蛾。每667平方米每次用0.36%苦参碱水剂2～4千克在韭菜生长期间浇水后洒入行间，而后划锄埋入土中。韭菜收割后再把上述药剂洒到种植行上与土混合，效果会更好。

173. 蓟马有哪些为害症状？如何防治？

（1）**为害特点** 为害韭菜的蓟马又叫葱蓟马，全国各地均有分布，以北方受害较重。在南方地区，蓟马在冬季仍可为害葱、蒜类，无越冬现象。蓟马成虫产卵于植物组织内，其若虫孵化后，以口器刺破植株表皮，吸食植物汁液，使叶片出现白色凹陷的小斑点。

（2）**形态特征** 成虫体长1.2～1.4毫米、浅褐色。触角7节，翅狭长，翅脉稀少，前后翅的边缘有很多细长的缨毛。腹部9节，沿背、腹两侧有许多黑色短毛，腹部最末一节有数根较长的黑色刺毛。雌虫产卵管呈矩形且较长。雄虫无翅。卵肾形，长0.29毫米，乳白色。后期卵圆形，黄白色，可见红色眼点，有光泽。若虫共4龄，全体浅黄色，触角6节，第四节具微毛3排，复眼赤色。胸、腹各节有微细刻点，点上生有粗毛。

（3）**为害症状** 葱蓟马以锉吸式口器先锉破寄主表皮，再用喙吸收植物汁液，多为害叶片、叶鞘和嫩芽。韭菜被害处形成黄白色斑点，数量多时，黄斑密集成大型长斑，叶片逐渐发黄而萎蔫，严重时叶片生长畸形，扭曲不正，甚至枯萎死亡。

（4）**生活习性** 在我国发生世代数因地区不同而异。华南地区1年发生20代，山东省6～10代，华北地区3～4代。在25℃～28℃下，卵期为5～7天，幼虫期为6～7天，前蛹期为2天，蛹期为3～5天。成虫寿命6.2天。卵产于叶片组织内。主要以成虫在葱、蒜、韭菜叶鞘内侧、土块、土缝下及枯枝落叶间越冬，也有少数伪蛹在土表层越冬。在南方，蓟马在冬季仍可为害葱蒜韭菜类，无越冬现象。蓟马成虫活泼，飞翔力强，怕阳光，白天多躲在叶背，早、晚和阴天则可在叶面找到。蓟马二龄后钻入土中蜕皮变为前蛹，再蜕皮变为伪蛹，不食不动，最后羽化为成虫。若虫有畏光性，白天多栖息在叶片背面，早、晚或阴天出来活动为害。高温、高湿天气不利于葱蓟马的发生与为害。暴风雨可降低发生数量。一年中以 4～5 月份、8～9 月份受害最重。

(5)防治方法 结合积肥，清除田间杂草并堆沤，可消灭部分虫源，减少虫口基数。对春季蓟马越冬寄主进行防治，是防治面积最小、用药量最少的时期，可喷洒 0.3%苦参碱水剂 1000 倍液，或 80%敌敌畏乳油 1500 倍液，或 50%辛硫磷乳油 1500 倍液，或 20%复方浏阳霉素乳油 1000 倍液。也可用 10%吡虫啉可湿性粉剂 1500～2000 倍液，或 2.5%多杀霉素悬浮剂 1000～1500 倍液，或 2.5%溴氰菊酯乳油 2000～3000 倍液等交替防治。每隔 7～10天喷 1 次，连喷 4～5 次。在收获前 7 天停止喷药。喷药时要注意喷心叶及叶背。在注重平时防治的基础上，要抓住韭菜覆盖前用药的有利时机进行防治。

174. 怎样用氰氨化钙防治韭菜地下病虫害?

氰氨化钙又称石灰氮，其主要用途是作肥料。氰氨化钙在土壤中与水反应生成氢氧化钙和氰氨，氰氨水解生成尿素，最后分解成氨。在碱性土壤中，形成氰氨可进而合成双氰氨。氰氨和双氰氨都具有消毒、灭虫、防病的作用。因此，氰氨化钙可以起到防治土壤中的土传病害、线虫、虫害以及杂草的作用。此外，氰氨化钙还可以促进有机物腐熟，从而达到改良土壤的目的。

用氰氨化钙对韭菜保护地土壤进行消毒，每 667 平方米需用 80 千克。如过多施用，会导致韭菜烧苗；用量过少，则只能起到施氮肥的作用。用氰氨化钙对韭菜保护地土壤进行消毒，要坚持以下步骤：

首先对需要消毒的土壤进行灌溉，保持土壤湿润，促使土壤中杂草种子或线虫萌动，以保证施用药剂所需要水分。在用药前可将土壤握成团，在距离地面 1 米高时让土团自由下落，如土团刚好散开说明土壤中水分适宜，水分含量为 60%～70%；如握不成团时说明水分含量少，需要补充水分，落下地散不开说明水分含量较多，要再过几天才进行施药。用氰氨化钙进行土壤消毒不仅能杀死有害菌，也能杀死有益菌，因此在消毒时每 667 平方米要撒入较短(2 厘米长)的作物秸秆 80～200 千克，以补充土壤中的有机质，在深翻土地时和氰氨化钙一同均匀撒入。为了使药剂和虫体充分接触，在深翻土地后及时耙平耙匀，而后用旧薄膜把消毒土地封严，防止药剂与水分在高温作用下的气体散发，尽量使气体向土壤中渗透。密闭两周后当土壤温度上升到 60℃又下降 25℃左右时撤掉薄膜种植韭菜。韭菜定植后要向土壤中多多补充有益菌，增强土壤中微生物之间的拮抗作用，加强土壤自身调节病害的能力。

用氰氨化钙消毒，须在高温条件下进行，这样药剂才和水发生反应，因此消毒时期要选择晴好天气，才能收到良好的消毒效果。

175. 如何防治韭蛆?

韭蛆学名为迟眼蕈蚊，是韭菜的毁灭性害虫，若防治不及时、不得法，常造成韭菜全田毁灭。

【为害特点】 主要为害韭菜、大蒜。幼虫聚集在韭菜地下部的鳞茎和柔嫩的茎部为害。初孵化幼虫先为害韭菜叶鞘基部和鳞茎的上端。春、秋季主要为害韭菜的幼茎，引起幼茎腐烂，使韭叶枯黄而死。夏季时幼虫向下活动蛀入鳞茎，重者鳞茎腐烂，致使整墩韭菜死亡。

【生活习性】 成虫喜在阴湿弱光环境下活动，以 9～11 时最为活跃，也是成虫交尾盛时，下午 4 时后至夜间栖息在韭田土缝中，不活动。成虫善飞翔，间歇扩散距离可达百米左右。成虫有多次交尾的习性，交尾后 1～2 天将卵产在韭菜周围土缝内或土块下，大多成堆产，每雌抱卵量为100～300粒。幼虫孵化后便分散，先为害韭株叶鞘、幼茎及芽，而后把茎咬断蛀入其内，并转向根茎下活动为害。土壤湿度是韭蛆孵化和成虫羽化的重要条件，3～4厘米土层的含水量以15%～24%最为适宜，土壤过湿或过干均不利于其孵化和羽化。

【防治方法】 ①选用药物。经试验和生产实践证明，韭蛆极不耐药，但需接触虫体。多种药物对其均有防治效果，尤以辛硫磷为好。②防治适期。一是韭菜停割后，薄膜撤除时，也正是韭蛆成虫有机会进入畦内沿韭垄产卵的时候。二是3月末4月初，此期正是韭蛆第一代成虫的盛发期。三是秋分至寒露，此期也是韭蛆秋季危害高峰期。四是立冬前后，将枯韭菜每两垄对折在一起，露出韭菜根部，沿根际干裂土缝灌药。五是韭菜覆盖后，出芽前要细心沿韭垄挑沟灌药。③施药方法。根据韭蛆幼虫群聚于鳞茎上下、成虫散居于韭丛地表的特点，在防治中必须选准药物，适时、适量、得法地施药。杀灭韭蛆成虫，宜选用80%敌敌畏乳油1000倍液或50%辛硫磷乳油1000倍液喷雾。在春季停割后和秋季韭薹停收后预防韭蛆，宜选用50%辛硫磷乳油1000倍液或48%毒·辛乳油1500倍液沿韭丛灌根，每隔10～20天施一次，每667平方米每次用药0.75～1千克。夏季收获韭薹和冬、春季生产韭黄时期，要选用地上光解异常迅速、地下杀虫效果好、药效长的50%辛硫磷乳油1000倍液喷雾或灌根。

176. 韭蛆免药防治技术有哪些？

在防治韭蛆的过程中，常因滥用农药而造成韭菜中毒事故。为减少农药污染，提高韭菜品质和效益，可采用免药防治韭蛆技术。

(1)农业防治 新植韭菜园可采用育苗移栽方式。育苗移栽既可提高效益，又可减轻韭蛆为害。选择肥沃的冬闲地做苗床，按

1∶9 确定苗床面积，即每 667 平方米苗床可移栽 9×667 平方米。苗床畦宽 1.5 米，畦长按需确定。惊蛰前后育苗，播后地膜加小拱棚双膜覆盖，齐苗后揭去地膜，5 月中旬撤去小拱棚，这样可杜绝一代、二代韭蛆为害。适时换茬可减轻韭蛆为害，一般 5 年换茬 1 次。在韭菜生长期间，每 667 平方米用氨水 15～25 千克按 80～100 倍稀释灌根或随水冲施，均有杀灭韭蛆的显著作用。结合浇水，每 667 平方米随水追施碳酸氢铵 15～20 千克，也可有效杀灭幼虫。

(2)生态控制 可在早春或韭菜收割后施用草木灰，将草木灰(未经雨淋)撒在畦面锄匀锄透，使灰混入土中；或开沟(以见根为宜)施入沟内，覆土盖严。锄地施灰不利于韭蛆生活，因而起到防治作用，还疏松了土壤，增加了磷、钾元素，可使韭菜苗齐苗壮，增加产量。

(3)物理防治 采用糖醋液、点灯进行诱杀。具体做法是：将盛有诱杀液(糖、醋、水按 3∶3∶14 配成)的盆子固定在距地面约 1 米的高度，离盆口 30 厘米的正上方挂 1 盏 30 瓦灯泡。天黑前开灯，每天开灯 2 小时。每 667 平方米韭菜地放 2～3 盆糖醋液，无灯的放 4～5 盆。每 2～3 天换 1 次诱杀液。诱杀防治分两期进行，5 月上旬至 6 月下旬为一期，9 月上旬至 9 月下旬为二期，其他月份停止操作。

在成虫盛发期可用黏虫胶黏杀成虫，具体做法是：用 4 份聚丙烯增黏剂与 6 份机油充分混合，在 30℃恒温水中搅拌溶化，做成 40％的黏虫胶，涂在黏虫板(40 厘米×30 厘米)两面，胶厚 1 毫米，设置高度 55～75 厘米，以每 667 平方米挂黏虫板 60 块为宜。也可以用昆虫黏虫板(黄板)黏杀成虫。

177. 如何防治葱须鳞蛾？

葱须鳞蛾属鳞翅目菜蛾科，别名韭菜蛾、葱小蛾。

【为害特点】 幼虫蛀食韭叶，严重时心叶变黄，降低产量和质量，以老韭菜和种株受害最重。

【生活习性】 一年发生4～5代，以成虫或蛹在背风向阳处的越冬韭菜干枯叶丛中或杂草叶下越冬。成虫羽化后需补充营养。卵散产于韭叶上，幼虫孵化后向叶基部转移为害，将韭叶咬成纵沟，有时只残留表皮。幼虫在叶中向茎部蛀食，但不侵入根部，常把绿色的虫粪留在叶基部分叉处，因而受害植株很易辨认。幼虫老熟后从茎内爬至叶中部吐丝做薄茧化蛹。温度为25℃时，成虫羽化后，经3～5天开始产卵，卵期5～7天，幼虫期7～11天，蛹期8～10天，成虫期10～20天，5月下旬出现第一代幼虫。6月份以后虫口逐渐增加，由于发育不整齐，世代重叠，从春季至秋季均有发生，8月份以后为害严重，此时各虫态均可见到。成虫白天隐蔽，夜间活动，有趋光性。10月份田间的蛹大部分已羽化成虫，因气温低而不再产卵，尚未羽化的蛹也不再羽化。

【防治方法】 在成虫盛发期间可用50%辛硫磷乳油1500倍稀释液，或2.5%溴氰菊酯乳油3000倍稀释液喷雾，10天内连喷2次，重点喷韭菜心叶。

178. 如何防治葱地种蝇？

葱地种蝇属双翅目花蝇科，别名葱蝇、葱蛆、蒜蛆。

【为害特点】 幼虫蛀入葱蒜等鳞茎，引起腐烂、叶片枯黄、萎蔫，甚至成片死亡。韭菜受害后常造成缺苗断垄，甚至全田毁种。

【生活习性】 一年发生2～3代，以蛹在土中或粪堆中越冬。5月上旬成虫盛发，卵成堆产在韭叶、鳞茎和周围1厘米深的表土中。卵期3～5天，孵化的幼虫很快钻入鳞茎内为害。幼虫期17～18天。老熟幼虫在被害株周围的土中化蛹，蛹期14天左右。各植保部门应根据卵、幼虫、蛹的生长周期防治用药。

【防治方法】 使用充分腐熟的有机肥，以减少葱地种蝇发生。

成虫发生盛期后 10 天内进入防治卵和幼虫适期。防治成虫可用 1.8%阿维菌素乳油 1500 倍液喷洒，防治幼虫可喷洒 1%苦参碱水剂 800 倍液。

179. 如何防治韭菜黑蚜？

【为害症状】 韭菜黑蚜以群体为害为主，分布在韭菜叶面及假茎上，吮吸韭菜汁液，植株受害后矮小、萎蔫，严重时韭根干枯死亡。

【特点特征】 韭菜黑蚜又名台湾韭蚜，属无翅孤雌蚜，其活体为黑色或黑褐色。

【防治方法】 一是实行轮作。清除田间杂草，及时摘除叶片深埋，减少蚜虫源。根据有翅蚜的迁飞趋光性，用涂有胶黏物质或机油的黄板诱蚜捕杀，也可在空地覆盖银灰色地膜避蚜。合理施肥，多施腐熟农家肥，尽量少用化肥，尤其不能一次性施肥过多，避免韭菜叶片深绿、徒长、组织柔嫩使蚜虫在短时间内暴发成灾。二是生物防治。利用食蚜蝇天敌消灭蚜虫。三是土法防治。每 667 平方米韭菜用鲜人尿 25 千克稀释后掺入 0.2%的中性洗衣粉，于晴天上午 10 时后喷洒，灭蚜效果可达 95%以上。也可用尿洗合剂防治，即每 667 平方米用尿素 250 克、洗衣粉 100 克加水 50 升搅拌成尿洗合剂，待尿素与洗衣粉全部溶解后喷雾。四是药剂防治。喷 20%吡虫啉浓可溶剂 3000 倍液，也可每 667 平方米保护地用 20%灭蚜烟剂 450 克点燃后闭棚熏烟 3 小时。蚜虫具有繁殖快、发生代数多的特点，长期使用一种农药，极易产生抗药性。因此，任何一种治蚜农药一般只能在同一地方连用 2 次，应轮换使用农药，以避免蚜虫产生抗药性，这样才能达到用药少、效果好的目的。

180. 如何防治葱斑潜蝇?

【为害症状】 雌成虫先用产卵器在叶片上刺孔,然后通过刺孔取食。取食孔呈白色圆形斑点或圆形刻点。当成虫发生量大时,韭菜叶片上布满密密麻麻的取食孔。幼虫潜食叶肉组织,形成潜道,降低寄主植物的光合作用,严重影响作物生长,造成叶片提前枯死,产量降低。特别是葱、韭叶片受害后,不仅造成严重减产,而且降低甚至丧失食用价值,损失严重。

【形态特征】 雌成虫体长2～2.5毫米,雄成虫1.75～2.0毫米。成虫头部黄色,复眼蓝绿色且有金属光泽;触角3节,黄色。胸部灰黑色,仅肩胛、翅基部和背板两侧浅黄色,背中鬃2行。足黄色,仅基节基部黑色。前翅无色透明,后翅平衡,棒黄色。腹部黑色,节间膜及边缘黄色,长有鬃。卵长椭圆形,浅米黄色。初龄幼虫体乳白色,口钩黑色。老熟幼虫体浅黄色,身体柔软透明,体表光滑。幼虫腹末端有一对管状的后气门,后气门有8个气门孔。围蛹椭圆形,初为浅黄色,后变为黄褐色,壳坚硬。

【生活习性】 成虫活泼,飞翔于韭株间或栖息于叶筒端。取食孔多沿叶片纵向整齐排列,也有分散的。成虫产卵孔与取食孔明显不同,呈细长椭圆形,多数十几粒呈双列倒八字形排列在韭叶上。幼虫在叶组织中的隧道内能自由进退,并在叶筒内外迁移于为害部位。在韭菜、大葱、大蒜、洋葱叶形成的典型潜道是连续的且比较直;当某一部位幼虫较多时,很多潜道融合形成潜食斑。幼虫为害韭菜时多在心芽及韭白部分,韭菜受害后常导致地上部韭苗腐烂枯死。成熟幼虫即在蛀道中化蛹。该虫7～8月份盛发,为害严重,直至9～10月份尚继续为害,使韭株枯萎。

【防治方法】 ①农业防治。葱斑潜蝇食性较窄,只取食百合科的葱、韭菜、大蒜等。成虫迁飞能力不强,因此提倡该类作物与非寄主作物实行1年以上的轮作。②药剂防治。着重抓好5～9

月份田间成虫盛发期至低龄幼虫期的防治。对育苗韭田，应从4月下旬开始，对越冬代成虫、一代幼虫进行重点防治。可选用0.9%阿维菌素乳油2000倍液，或0.6%阿维菌素乳油1500倍液，或1%阿维·高氯乳油1500倍液，或58%齐·柴乳油1000倍液，或48%毒死蜱乳油1500倍液对叶面喷雾。老熟幼虫脱叶落地化蛹时，可选用50%辛硫磷乳油1000倍液，或48%毒死蜱乳油1200倍液，或1%阿维·高氯乳油1200倍液喷布。

181. 如何防治黄条跳甲？

黄条跳甲是一种小型甲虫，俗称地蹦子、土跳蚤。

【为害症状】 成虫和幼虫都可为害韭菜，一般是从日平均气温16℃左右开始为害。成虫咬食韭叶造成许多小孔，幼苗受害可成株死亡。幼虫为害韭菜根部，将根表皮蛀成许多弯曲的虫道，咬断须根，使叶片由外向内发黄萎蔫而死。在温室里，成虫和幼虫都为害韭菜。

【形态特征】 成虫体长为3.3～4.2毫米，宽1.5毫米，长圆形，体色变异大，多为棕红色。头黑色，中、后胸腹面棕黑色，触角基3节棕色，其余棕黑色；鞘翅四周黑色。雄虫触角特长，伸展至鞘翅末端且粗壮。雄虫前足第一跗节膨大呈卵状。幼虫体长约1毫米，黄白色，略横扁，稍弯，头黄褐色，前口式，头上具黑色弧形斑。蛹白色。

【生活习性】 降雨或浇水2～3天后成虫大量羽化出土，卵多产在土下根际处，产卵期约1个月，每雌产卵175粒。

【发生规律】 在山东省一年发生2代。以幼虫在根部周围土壤中10厘米深处越冬。3月上旬移至5～10厘米处为害，5月上旬开始化蛹，5月中旬成虫始见，幼虫龄期不整齐，春季虫量大，5月中旬至11月上旬一直延续不断。

【防治方法】 ①成虫防治。发现受害即行喷药。喷药须从地块四周向里推进，以防止成虫外逃。适用农药有20%氰戊菊酯乳油2000倍液，或90%晶体敌百虫800倍液，或80%敌敌畏乳油800～1000倍液，每隔3～5天喷一遍，连喷2～3次。②毒杀幼虫。发现幼虫为害即用90%晶体敌百虫或80%敌敌畏乳油800～1000倍液灌根。

182. 如何防治地老虎？

地老虎俗名地蚕、切根虫、黑地蚕、土蚕等。地老虎的种类很多，在我国常见的有3种：小地老虎、黄地老虎和大地老虎。其中小地老虎属于世界性的害虫，分布最广。

【为害状况】 地老虎的食性极杂，是多食性害虫，可为害茄科、豆科、十字花科、葫芦科以及其他多种蔬菜，还可为害多种粮食作物和多种杂草。地老虎以幼虫为害韭菜的幼苗，将幼苗从茎基部咬断，或咬食鳞茎。

【形态特征】 地老虎属鳞翅目、夜蛾科。成虫体长16～23毫米，翅展42～54毫米，体暗褐色。雌蛾触角丝状，雄蛾双齿状，前翅黑褐色，翅面有肾形斑、环形斑、棒形斑各1个，各斑均环以黑边。在肾形斑外侧有3个楔形黑斑尖端相对。后翅灰白色。卵半圆球形，直径约0.5毫米，表面有纵横的隆起线。初产时乳白色。孵化前为灰黑色。老熟幼虫体长37～47毫米，体形略扁，全体黄褐色至暗褐色，背面有浅色纵带，体表粗糙，满布大小不均的颗粒。腹部1～8节背面各有两对毛片。臀板黄褐色，有两条深褐色纵带。蛹体长18～24毫米，赤褐色，有光泽。第五至第七节背面的刻点比侧面的大。尾部黑色，腹部有黑褐色粗而短的刺2根。

【生活习性】 小地老虎在全国各地每年可发生2～7代不等，江南一带6～7代，华北地区3～4代，东北地区2～3代。南方以老熟幼虫或蛹越冬，成虫也可越冬。华北地区可能是越冬成虫，或是从南方迁飞来的成虫，目前尚无定论。

小地老虎在春季为害最严重，华北地区为5月下旬至6月上旬。成虫白天隐蔽，夜间活动，在黄昏后交尾产卵。成虫活动受气候影响很大，10℃～16℃时活动最盛，低于3℃或高于20℃时则活动较少，夜间微风或阴天活动强，遇大风或降雨就很少活动或停止活动。成虫对黑光和糖醋酒物质有明显的趋性。成虫产卵在小旋花科野生杂草上，平均每雌蛾产卵800～1000粒。卵期4～10天不等。幼虫共6龄，3龄前大部分集中在植株的心叶里，或附近的土表、土缝中吃食植物。3龄后白天潜伏在土下，夜间及阴雨天出土活动，行动敏捷，食量大，密度大时有自残性，为害极大。大幼虫有假死性，受惊后缩成环形。幼虫期30～40天。老熟后潜入土下5～6厘米做土室化蛹，蛹期12.4～17.9天。成虫寿命为10～12天。

【发生条件】 以小地老虎为例，适于温暖的气候条件，在日平均温度为13.2℃～24.8℃时，对其生长发育和繁殖最为适宜。25℃以上就不适宜。超过30℃时成虫的寿命就缩短，不能产卵。平均气温为12.8℃、地温为15.3℃、空气相对湿度为73%时，成虫活动最盛；气温为9℃、地温为13.8℃、空气相对湿度为73%以下时，成虫活动较少。

小地老虎适应潮湿的土壤环境，在低洼、多雨湿润的地区发生量大，主要分布在河、湖、低洼内涝、雨水多及长年灌溉区。土壤湿度是影响小地老虎发生量的重要因素，适于小地老虎生长发育的土壤含水量为15%～25%。小地老虎多发生在地下水位较高的地方。砂壤土、壤土、黏壤土等土质疏松，保水力强，适于小地老虎发生；而丘陵地、干旱地区及黏土、沙土地对其发生不利。

在栽培中管理粗放，田间杂草多，或附近有荒地，诱成虫产卵多，则为害严重。成虫产卵期需要吸食花蜜，春季蜜源植物丰富，越冬代成虫营养充足，则产卵量大，为害严重。

黄地老虎的发生条件与小地老虎相似。

【防治方法】 ①预测预报。准确的虫情预报，可以做好诱杀成虫的准备和选定防治幼虫的适期。成虫调查是利用黑光灯或糖醋诱集诱杀成虫，逐日统计数量。诱蛾量最多的一天为发蛾高峰日，过15～20天为幼虫盛发期，也是防治的有利时期，再过10～20天为幼虫为害盛期。如果1台诱蛾器连续两天诱到30头以上的成虫时，在正常条件下，即可预报该虫有大发生的可能。在低洼湿地，或杂草地，每2～3天检查1次，每次调查5个点，每个点1平方米，仔细检查地上和地下，记载幼虫数量及虫龄。在定苗前，平均每平方米有虫0.5～1头，定苗后有虫0.1～0.3头，或每100株苗有虫1～2头时，即应进行防治。②田间管理。早春及时铲除地头、田边、地埂及路旁的杂草，集中带到田外沤肥或烧毁，以消灭草上的虫卵。秋翻或冬翻地并冬灌，可以杀死部分越冬幼虫或蛹，减少翌年虫量。春季耙地，可消灭地面上的卵粒。③人工捕捉。在田间发现断苗时，在清晨拨开断苗附近的表土，即可捉到幼虫。可连续进行捕捉，效果良好。④诱杀成虫。利用糖醋液或黑光灯在田间诱杀成虫。黄地老虎喜欢在芝麻、苜蓿等幼苗上产卵，春季可利用这些植物诱集成虫产卵。当诱集植物出苗后，每5天喷1次药，20天后把植物处理掉，可有效地消灭成虫和卵。⑤诱杀幼虫。采新鲜的泡桐树叶，用水浸泡后，于傍晚放在被害田里(每667平方米放50～70张叶)，翌日清晨人工捕杀叶下幼虫。⑥药草诱杀。用90%敌百虫50克与切碎的鲜草30～40千克均匀拌和，再加入少量的水，于傍晚撒在菜田附近诱杀幼虫。⑦药剂防治。对地老虎三龄前的幼虫，每667平方米可用2.5%敌百虫粉剂1.5～2千克喷粉，或加10千克细土制成药土，撒在植株周围。或用80%敌百虫可湿性粉剂1000倍液，或用50%辛硫磷乳油800倍液，或用20%氰戊菊酯乳油2000倍液进行地面喷雾。在虫龄较大时，可用50%辛硫磷乳油，或48%毒死蜱乳油，或80%敌敌畏乳油1000～1500倍液，进行灌根，杀死土中的幼虫。

183. 如何防治蝼蛄?

俗名叫拉拉蛄、拉蛄、土狗子等。在我国发生的蝼蛄主要有非洲蝼蛄和华北蝼蛄 2 种。

【为害状况】 蝼蛄是多食性害虫,可以为害多种大田作物和蔬菜的种子与幼苗。蝼蛄的成虫和幼虫均可在土中咬食刚播下种子的幼芽,或把幼苗的根茎部咬断,或把根茎部咬成乱麻状,致使幼苗倒伏凋萎而枯死。蝼蛄除咬食作物外,还在土壤表层穿行造成纵横的隧道使幼苗根部与土壤分离,失水而枯死。在保护地栽培的温室,大棚、温床和苗圃里,由于温度较高,蝼蛄活动早,小苗又集中,受害更严重,往往造成缺苗、断垄,甚至全田毁种。

【形态特征】 蝼蛄属直翅目、蝼蛄科。成虫体呈纺锤形,黄褐色或黑褐色,头小,复眼也很小,触角丝状、较短,口器伸向前方。前胸背板卵圆形,发达。有一对发达、粗短适于开掘的前足,前翅短,仅达腹部的一半;后翅扇形,长大,折叠于前翅之下。有一对较长的尾须。若虫形似成虫,头小,腹部肥大。虫体随龄期增长,体色由浅变深,翅由无到有,并逐渐长大。卵椭圆形,初产时黄白色、有光泽,后变黄褐色,孵化前暗紫色、略膨大。

【生活习性】 非洲蝼蛄在山东等地 1 年发生 1 代,华北蝼蛄约 3 年发生 1 代。两种蝼蛄均以成虫或若虫在地下越冬,其深度在当地的冻土层以下,地下水位以上。翌年春,随着地温上升而逐渐上移,到 4 月上中旬即进入表土层活动。5 月中旬至 6 月中旬温度适中,作物正处于苗期,此期是蝼蛄为害的高峰期。6 月下旬至 8 月下旬天气炎热,开始转入地下活动,此期正是华北蝼蛄的产卵盛期,而非洲蝼蛄已接近产卵末期。9 月上旬以后,天气凉爽,大批若虫和新羽化的成虫又上升到地面为害,形成第二次为害高峰。10 月中旬以后,随着天气变冷,蝼蛄陆续入土越冬。华北蝼蛄经 2 年生长发育,至第三年 8 月羽化为成虫,翌年开始活动产卵。

蝼蛄在 1 天的活动中昼伏夜出，以夜间 9～11 时活动最盛，特别是在气温高、湿度较大、闷热无风的夜晚，大量出土活动。在气候凉爽的早春和晚秋，多在表土层活动，不到地面上来。白天常躲在深土层里。蝼蛄有趋光性，对香味、酒糟和马粪等有强烈的趋性。蝼蛄喜在低湿的河岸、菜园地活动为害，高燥地不易发生。

【发生条件】 由于蝼蛄生活在土中，所以土壤温度对其活动有很大的影响。当气温在 12.5℃～19.8℃，20 厘米深处地温在 15.2℃～19.9℃时，蝼蛄活动最盛，为害最严重。温度过高或过低，蝼蛄都要潜入土壤深处。在保护地内，如地温较高，蝼蛄的为害也较早。

土壤湿度对蝼蛄的影响很大。一般在 10～20 厘米深的土层中，土壤含水量在 20%以上时，蝼蛄活动最盛；小于 15%时，活动减弱。

蝼蛄的发生和地势及土质有密切的关系，湿润、疏松、含腐殖质或有机质多的土壤或砂壤土适于蝼蛄活动，故发生多，为害重；黏土不适于蝼蛄的活动，发生较少。低洼地、水浇地蝼蛄发生较多，菜地比大田发生多，距村庄近的地块比远的地块发生多。

【防治方法】 ①预测预报。蝼蛄的生活周期很长，长期生活于地下，数量变动较稳定。因此，通过调查，就可以准确地预报出发生的数量和为害程度，从而为有计划、有步骤的及时防治打下基础。预测预报的方法是在 10000 平方米的面积内选 2～3 个点，每个点为 1 平方米，掘地深 30～70 厘米，仔细寻找幼虫。一般 1 平方米有 0.3 头虫时为轻度发生，有 0.5 头以上时为严重发生。②栽培措施。有条件时进行水旱轮作，可淹死害虫。通过精耕细作、深耕细耙、不施未腐热的农家肥等，造成不适合于蝼蛄生存的环境条件，可减轻其发生的程度。③毒饵诱杀。取 90%敌百虫 0.1 千克、豆饼或玉米面 5 千克、水 5 升，豆饼粉碎炒熟，将敌百虫溶于水和豆饼拌匀即成毒饵。每 667 平方米用毒饵 1.5 千克撒在畦面或播种沟内，也可撒于地面上再耙入地里。在保护地内，可用上述毒饵，或用谷秕煮熟拌上敌百虫乳油，撒在蝼蛄活动的隧道处。④马粪或灯光诱杀。在田间挖30厘米见方、深20厘米的坑，坑内堆湿润马粪并盖草，每天清晨捕杀蝼蛄。有条件的可设置黑光灯诱杀蝼蛄。⑤人工捕捉在早春，根据蝼蛄造成的隧道虚土查找虫窝，杀死害虫。夏季可查找卵室，消灭虫卵。⑥药剂防治。在蝼蛄为害严重的地里，每667平方米用5%辛硫磷颗粒剂1～1.5千克均匀撒于地面，而后进行耙地，也可将辛硫磷颗粒剂撒于播种沟内毒杀蝼蛄；韭菜受害严重时，可用80%敌敌畏乳油30倍液灌洞，杀灭蝼蛄成虫。

184. 如何防治蛴螬？

蛴螬俗称白地蚕、蛭虫、土蚕、地蚕等，是鞘翅目金龟甲科幼虫的总称。其成虫通称金龟子。金龟子的俗名叫铜克郎、金克郎、屎克郎、瞎撞子等。

【为害状况】 蛴螬在我国分布很广，各地均有发生，但以我国北方发生较普遍。蛴螬的食性很杂，是多食性害虫，能为害多种蔬菜、粮食作物。蛴螬主要在地下为害，咬断幼苗根茎，切口整齐，造成幼苗枯死，或蛀食块根、块茎，造成孔洞，使作物生长衰弱，影响产量和品质。同时，被蛴螬造成的伤口有利于病菌的侵入而诱发其他病害。成虫金龟子主要取食植物地上部的叶片，有的还为害花和果实。

【形态特征】 为害蔬菜的蛴螬种类很多，常见的有大黑鳃金龟子、暗黑鳃金龟子、铜绿丽金龟子等。以东北大黑鳃金龟子发生最为普遍而且严重，其形态特征如下：成虫体长16～21毫米，体宽8～11毫米，长椭圆形，黑色或黑褐色，有光泽。鞘翅上散生小刻点，另在前翅上各有3条纵隆起线，腹部末端外露。卵初产时为长椭圆形，长约2～3毫米，乳白色，表面光滑，孵化前呈球形，壳透明。老熟幼虫体长35～45毫米，身体弯曲，多皱纹。头部黄褐色，胸腹部乳白色，胸足3对。头部前顶刚毛，每侧各3根呈一纵列，肛门孔三裂，腹毛区钩状刚毛散生，无刺毛列。蛹体长21～23毫米，裸蛹，初为白色，最后变为黄褐色至红褐色。头部细小，向下稍弯，复眼明显，触角较短。胸足3对，以后足为最长，翅已明显。一般体长与成虫大小相仿，腹部末端有叉状突起。

【生活习性】 大黑鳃金龟子在我国各地多为两年发生1代，以成虫或幼虫越冬。成虫在土下30～50厘米处越冬，到4月中下旬地温上升到14℃以上时，开始出土活动，5月中下旬是盛发期，9月上旬为终见期。10月中下旬幼虫入土55～100厘米深处越冬，翌年春土壤解冻时开始上升。当地温达10℃以上时，即可上升到耕作层，开始为害蔬菜幼苗。7月中旬到9月中旬，老熟幼虫在地下做土室化蛹，约20天左右羽化为成虫。成虫当年不出土，在土室里越冬，翌年4月开始出土。

成虫白天潜伏，黄昏开始活动，夜间8～11时为取食、交尾活动盛期，午夜后陆续入土潜伏。成虫有假死性和趋光性，对黑光灯趋性尤甚。成虫产卵在作物的表土中，常为7～10粒1堆，共产100粒左右。幼虫也有假死性。

暗黑鳃金龟子与大黑鳃金龟子的发生规律相似。

【发生条件】

①气候条件 蛴螬和成虫的发生，与气候条件的关系极为密切。

金龟子在大风大雨或大雨后不出土，三级风以上活动较少，气温在20℃～23℃以下时不活跃。大黑鳃金龟子在24℃～26.8℃时繁殖力最强。铜绿金龟子在25.7℃以上，无雨，风力为二级以下时，成虫活动力最强；在29.2℃～32.5℃以上时，活动减少。

蛴螬终年栖息于土中，土壤温度的变化是影响其生长发育的重要因素。蛴螬常因温度的变化而在土中做上下垂直的迁移。一年中蛴螬活动的最适地温为 13℃～18℃，超过 23℃时，即逐渐下移。秋季地温降至 9℃时，则明显向土壤深处移动；地温为 5℃以下时，就完全越冬。翌年春地温在 5℃以上时，蛴螬又开始活动。

土壤湿度对蛴螬的影响更大，土壤含水量以 15%～20%为宜。土壤含水量高于 20%或低于 10%时，即使温度适宜，幼虫仍不活动，而是向深层土壤移动。当土壤水分充足时，蛴螬生长发育良好，死亡率低。在阴天下雨的情况下，特别是在小雨连绵的天气中，表土湿度大，对蛴螬的活动有利，故为害严重。因此，在低洼地、水浇地及雨水充足的旱地上，蛴螬的发生严重。如果土壤过干，则卵不能孵化，幼虫易于死亡，成虫的繁殖力和生活力也受到影响。但土壤过湿也会影响蛴螬的活动和发育。当幼虫体长为 15 毫米以下时，受土壤湿度的影响最为显著，此时土壤过干或过湿均易死亡。当幼虫体长超过 20 毫米后，其适应力大大增强。

卵和蛹期的土壤适宜含水量为 10%～30%。若含水量超过 35%，卵就会发生腐烂而不能孵化。

②土壤条件　土壤质地和有机质含量等土壤条件，对金龟子的产卵和幼虫的活动均有影响。蛴螬多发生在保水性较强的壤土、粉沙黏土及轻沙壤土中。沙质土壤中发生较少。大黑鳃金龟子的适应性较强，即使在偏沙性的土壤中，虫口密度仍较大。土壤中有机质含量高，有利于蛴螬的发生。成虫喜产卵在有机质多、施厩肥多的田块。这种田块，土壤的理化性状优良，土质疏松，保水力强，地温高，有利于蛴螬生活。同时，厩肥也是蛴螬幼时的食物。因而，在肥沃、有机质多、干湿适中的土壤中发生较多。

③茬口条件　作物的前茬种类对蛴螬的发生关系密切。通常前茬为豆类和玉米的田块发生较重，其主要原因是金龟子喜食大豆叶，加上豆株长势旺盛，适宜成虫隐蔽，并就地产卵，初孵化的幼虫也可得到丰富的食料，所以豆茬地蛴螬发生严重。

成虫对谷子的嗜好程度较差，加之谷根硬化快而分蘖少，不利于幼虫取食，所以不能诱集大量成虫产卵。

【防治方法】

①预测预报　蛴螬的生活周期很长，由于其长期生活于地下，所以其数量变动较稳定。因此，通过调查，就可以准确地预报出发生的数量和为害程度，从而为有计划、有步骤地及时防治打下基础。蛴螬预测预报的方法是：在10000平方米的面积内，选2～3个点，每个点1平方米，掘地深30～70厘米，仔细寻找幼虫。一般1平方米有1头虫时为轻度发生，有3头以上的为严重发生。

②农业防治法　秋季或春季深翻地，可将一部分成虫或幼虫翻至地表，使其冻死、风干或被天敌捕食、寄生，以及被机械杀伤，从而增加害虫的死亡率。一般可降低虫量15%～30%。

多施腐熟的有机肥料，可改良土壤的结构，改善通透性状，提供微生物活动的良好条件，能促进蔬菜根系健壮发育，从而增强作物的抗虫性。

碳酸氢铵、腐殖酸铵、氨水等含氨化肥施用后，能散发出有刺激性的氨气，对害虫有一定的驱避作用。

调整茬口，如前茬作物勿种大豆，可减轻蛴螬的为害。

③药剂防治　在成虫盛发期，可用90%敌百虫800～1000倍液喷雾，或用90%敌百虫粉剂按每667平方米面积用药100～150克，加少量水后，拌细土15～20千克。制成毒土，撒在地面，再结合耙地，使毒土与土壤混合，以此杀死成虫。

用50%辛硫磷乳油拌种(药、水、种子的比例为1∶50∶600)可以消灭幼虫。先将药对水，再将药液喷在种子上，并搅拌均匀，然后用塑料薄膜包好，闷种3～4小时，期间翻动1～2次，待种子把药液吸干后，即可播种。

用杀成虫的方法制成毒土，在播种时，均匀撒在播种沟内，而后覆盖一层薄土，以防止毒土对种子发生药害，此法可消灭幼虫。

在蛴螬已发生为害且虫量较大时，可用药液灌根。一般用

90%敌百虫晶体500倍液，或50%辛硫磷乳油800倍液，或25%胺甲萘可湿性粉剂800倍液，每株灌150～250克，可杀死根际幼虫。

④灯光诱杀　在成虫盛发期，每667平方米安装1盏距地面30厘米的40瓦黑光灯，灯下设一个盆，盆内放水及少量煤油，夜间开灯，可诱成虫入水淹死。

⑤人工捕杀　翻地时，人工拾虫杀之；苗期发现有蛴螬危害时，可检查残株附近加以捕杀；可利用成虫的假死性，在比较集中的作物上进行人工捕杀。

185. 韭菜田杂草有哪些种类？

田间杂草是韭菜生产的大敌。播种时，杂草常早于韭菜出土，而且生长速度快，常形成草欺苗的现象。在韭菜生长期间，尤其在雨季很容易形成草荒。

杂草可分为1年生、2年生和多年生等多种。1年生杂草是在1年之内完成其生活史，即从种子萌发、生长、开花、结籽直至死亡。这类杂草种类多、数量大，如稗草、三棱草、莎草、灰菜、野苋菜、苍耳、鸡爪草、蟋蟀草等。

2年生杂草需要2年才能完成其生活史。第一年种子萌发后仅长根茎叶等营养器官，翌年早春返青继续生长，进而开花、结籽而后死亡，如荠菜等。

多年生杂草系指生活2年以上的杂草。此类杂草在多数情况下第一年不产生种子，以后每年都要结籽，直到死亡。多年生杂草除靠种子繁殖外，大部分是以匍匐根、匍匐茎和根芽进行无性繁殖，如狗牙根、香附子、刺儿菜、苦菜、田旋花、茅草等。

186. 韭菜出芽前如何除草？

韭菜播种后，出芽前即应在地面喷药，阻止杂草出土并将其杀死，对韭菜幼苗基本无害。常用药剂有以下 3 种：33%二甲戊灵，每 667 平方米用量为 100～150 克，加水 50 升，作地面喷洒；48%仲丁灵乳油，每 667 平方米用量为 200 克，加水 50 升，作地面喷洒；50%扑草净可湿性粉剂，每 667 平方米用量为 85～90 克，加水 50 升，地面喷洒。

在应用上述药剂时，应严格控制用量。如药量过大，会杀死韭菜苗；药量过小，则不起作用。沙土地用量应更少些。喷药时间应在草芽、韭菜芽出土前，即播后立即进行为佳。如果草芽出土后再喷药则效果大减。喷药应均匀、周到、细致，不重喷、不漏喷，药物要溶化均匀。喷药后地面有一层药膜，人员和牲畜勿入内践踏，以免药膜被破坏而失效。有的药有药害，可适当加大播种量。

187. 韭苗出土后如何除草？

韭苗出土前喷洒除草剂后，残效期为 20～50 天。韭苗出土后仍要喷洒除草剂，以阻止新生杂草萌发出土。其方法有以下 3 种。

(1)土壤处理　这种方法对韭菜无害或微害，可阻止草芽出土。常用的药剂有 33%二甲戊灵乳油，每 667 平方米用量为 100～150克；48%仲丁灵乳油，每 667 平方米用量为 200 克；48%氟乐灵乳油，每 667 平方米用量为 100～150 克。此法对已出土的草无效，只能采取拔除的方法。用药时加水 50 升作地面喷洒。

(2)茎叶处理　杂草已出土成草荒时，每 667 平方米可用 20%烯禾啶乳油 65～100 克或 50%利谷隆可湿性粉剂 150 克加水 50 升喷洒杂草茎叶，可杀死杂草。韭菜的药害较少。

(3)茎叶兼土壤处理　每 667 平方米用 20%百草枯水剂 100～150 克与上述土壤处理所用的任何一种除草剂混合施用。在杂草成荒时，既喷茎叶，又喷地面，可杀死出土和未出土的杂草。

188. 老韭菜田如何除草？

老根韭菜与新播韭菜不同之处在于老根韭菜有更强的抗药性，因此比新播韭菜所适用的除草剂种类要多一些。老根韭菜每收割1刀要喷1次药。但收割后需要清除田间杂草并松土，等到韭菜伤口愈合后再用药。主要施用的除草剂有48%氟灵乳油，每667平方米喷100～150克，喷后要浅锄，使药物与土混合，这样效果好，成本低，对韭菜也安全。此外，每667平方米用50%扑草净可湿性粉剂100～150克，或33%二甲戊灵乳油100～200克，或45%仲丁灵乳油200克，或50%扑草净可湿性粉剂75克＋50%利谷隆可湿性粉剂50克喷洒，都可作为老根韭菜的田间除草用药方式。

189. 如何识别和防治韭菜亚硝酸气中毒？

【危害症状】 亚硝酸气体通过叶片气孔侵入叶肉组织，初期气孔周围组织受害，进而扩展到海绵组织，使叶绿体被破坏而褪绿，呈现白斑，浓度高时叶脉变成白色而枯死。

【发生原因】 拱棚内的亚硝酸气体主要来自施用过多的氮素化肥。土壤中，特别是沙土和砂壤土，如连续施入大量氮肥，土壤中的铵向亚硝酸转化虽能正常进行，但亚硝酸向硝酸转化则会受阻，于是就使土壤中积累起大量的亚硝酸，当温度升高时就变成气体散发在温室内，浓度超过2～3微升/升时，韭菜就会中毒。中毒多发生在施肥后的一个月。检测方法是用pH试纸浸蘸拱棚内膜上的水滴，若呈红色的酸性反应，就是亚硝酸积累过多引起的中毒。

【解决方法】 合理施肥，尤其是施氮肥时要少量多次，采用沟施或穴施分次适量施入，施后与土壤拌匀和用土盖严，切忌重施、多施和撒施，同时注意通风换气。如拱棚内亚硝酸气体过浓或土壤偏酸时，在土壤中增施石灰，把 pH 调至 6.5～7，可有效地防止亚硝酸气害。

190. 如何识别和防治韭菜氨气中毒？

【危害症状】 氨气从韭菜叶片的气孔和叶缘的水孔侵入，使叶片出现水浸状斑，叶肉组织白化、变褐，最终枯死。

【发生原因】 拱棚内的氨气主要来自未经腐熟的鸡粪、猪粪、马粪和饼肥等有机肥料。这些肥料在高温下发酵时产生大量氨气，越积越多；其次是大量施用碳酸氢铵和撒施尿素产生的氨气。拱棚内的氨气浓度达到 5～10 微升/升时，韭菜就会中毒。

【解决方法】 一是施用腐熟人、畜粪尿，不施未腐熟的生肥；二是不施或少施碳酸氢铵；施尿素时采用沟施或穴施的方法，施后盖土埋严，不用撒施；三是在保证正常温度的情况下，开窗或卷起膜脚，进行通风换气，以排除过多的氨气；四是可在植株叶片背面喷施 1%食用醋溶液，可以减轻和缓解氨气危害。

191. 韭菜黄叶的原因是什么？怎样防治？

9～10 月份是秋冬茬韭菜营养贮存阶段，充足的营养储备有利于韭菜扣棚后的萌发和生长，韭菜叶片发黄，严重时整块地都变为浅黄绿色，给韭菜生产造成严重损失。

(1)发生原因 ①微量元素缺乏。出现黄叶的韭菜一般均未基施或喷施铁、铜、锌等微量元素，因缺少此类元素而形成黄叶。②偏施氮肥，致使氮磷钾比例失调，从而抑制微量元素的吸收和利用，形成黄叶。③过量施用含腐殖酸的肥料，改变了土壤理化性状，呈现酸化，不利于韭菜根系发育和生长，使营养物质吸收转化不畅，韭菜叶片因营养不良而变黄。④只注重施用化肥，忽略有机肥的施用，使土壤孔隙度降低、通透性差，根系呼吸不畅，导致营养不良而出现黄叶。⑤盲目浇水，田间湿度过大，影响根系的呼吸和营养吸收,导致黄叶。⑥病虫危害,尤其是韭蛆为害后,韭菜根系吸收能力降低,叶片营养供应不足,严重时出现干枯死亡。

(2)防治措施 韭菜出现黄叶后,要区别不同情况,有针对性地提前防治。一般可以采取以下防治措施:①增施有机肥,合理搭配使用氮磷钾肥,补充微量元素,保证营养的均衡和充足供应。根据韭菜需肥特点,养茬期注重磷钾肥和微量元素的施用,可在9月中下旬至10月上中旬或扣棚前,每667平方米施用三元复合肥30～50千克,配合施用中微量元素肥料10～15千克;生长期叶面喷施2～3次绿叶素、喷施宝等叶面肥。②适时合理浇水。在确保田间土壤湿润的情况下减少浇水量和次数,一般沙性土间隔期可短一些,黏质土间隔期适当长一些,浇水后中耕松土散湿,增加土壤通透性。③防治病虫害,使用高效低毒的杀虫剂,减少韭蛆的为害。可在8月中下旬至9月上中旬或扣棚后3～5天分别浇灌1次药剂,一般每667平方米浇灌48%毒·辛乳油1000～1500克,或48%毒死蜱乳油1000～1500克。也可在韭菜5～10厘米高时每667平方米浇灌辛硫磷1500～2000克。

192. 如何防止韭菜生理性干梢?

【发生原因】 韭菜生理性干梢主要由以下3个原因所致:①土壤酸化。韭菜适于在中性土壤生长发育,若韭菜田长期施用大量酸性肥料,如过磷酸钙、硫酸铵等,会使土壤酸化而引起酸性危害。韭菜受害后,叶片生长缓慢、细弱、外叶枯黄。②有毒气体危害。扣棚前施入大量碳酸氢铵,或扣棚后地面撒施尿素,或对石灰多的土壤撒施硫酸铵,使保护地内积累过多的氨气。当棚内氨气浓度达5微升/升时,韭菜即可受害。其症状是叶片首先呈水渍状,无光泽,之后叶尖枯黄逐渐变褐色。若土壤中施用大量硝酸铵等肥料,则阻碍了土壤中的硝化作用,使土壤酸化,易形成亚硝酸气体。当棚内亚硝酸气体浓度达到2～3微升/升时,韭菜即可表现出中毒症状。③高温或冻害。保护地内出现高温界限以上温度，或天气连阴骤晴或高温后冷空气突然侵入，也能使叶尖枯黄，表现为外叶尖开始变成茶褐色，以后逐渐枯死，中间叶片变白。

【防治方法】 一是防止施肥量过大，追肥选用适宜的化肥，用硫酸铵和尿素较好，忌用碳酸氢铵，追肥勿撒施，最好用水溶化冲施。二是施入足量的有机肥作基肥，也可用石灰调节土壤酸碱度，但保护地内不能施用石灰，以防引起氨气危害。三是在不影响保温的前提下，适当通风以排除有害气体，调节大棚内空气，尤其在追肥后数天之内更要注意通风换气。

193. 如何防止韭菜生理性死株?

【发生原因】 根腐病是造成根株死亡的主要原因。韭菜因根腐病死亡有3种情况：一是窒息性根腐。多因在韭菜田里堆放畜禽粪和杂物，引起局部高温，使韭根处于无氧条件下呼吸，造成乳酸和乙醇积累而中毒。二是积水结冰引起的根腐，浇冻水时间偏晚，水量过大，造成地内积水结冰，冻融交替拉断根系，或低温下水浸引起根死亡。三是水污染引起根腐。用含用污染的河水、坑塘水浇灌，也会使土壤遭到破坏或使韭菜直接中毒死亡。

【防治方法】 选用井水、干净河水及时浇灌冻水，韭菜田内禁止堆放畜禽粪和杂物。

194. 如何防止韭菜黄撮和黄条?

韭菜叶片黄化称为黄撮，叶片半绿半黄称为黄条。

【发生原因】 主要是营养物质供应不足，使同化作用难以正常进行；叶绿素逐渐消失，相对叶黄素显现较多。造成这种现象的原因很多，主要有以下3种：

①贪刀。即收割间隔时间过短，大量消耗营养物质，而难以完成必要的营养积累，从而影响根系的发育。据调查，黄撮或黄条的

韭菜，不但鳞茎细短，植株矮小，而且鳞茎贮藏根中的养分已消耗殆尽，所有根系已停止伸长，而且已变为根冠粗硬的木栓化根，基本丧失了吸收营养物质的功能，地上部的同化作用难以正常进行，叶绿素消失，叶黄素相对显现，即形成黄撮或黄条。②狠刀。即在收割时所留叶鞘过短，将贮藏养分的叶鞘基部割得太多，损耗的养分增多，造成营养失调，从而抑制了根系的发育，使根系吸收功能减弱。根系的矿物质营养供应不足，就会使光合作用降低甚至停止，必然使叶绿素减少，叶黄素显现，而呈现出黄撮或黄条。③水分供应失宜。冻水浇得过早，冬春雨雪少，天气干旱，或在收割期间不适当的浇水，均会使耕作层的土壤水分失调。水分少，土壤中可溶性矿物质营养也少，根系营养补充不足。当鳞茎和贮藏根养分消耗殆尽时，易发生黄撮或黄条现象。

【防治方法】 收割时注意留茬高度，第一茬韭菜收割时应留茬 6～7 厘米，以后视植株长势情况，一般留茬高度在 3～5 厘米。收割期间应根据土壤湿度情况，适时浇水。

195. 如何识别和防治韭菜缺镁症?

【主要症状】 韭菜叶脉间全部黄白化。外叶先发生，逐渐向幼叶发展，最后全株黄化。

【发生原因】 ①在低温条件下，镁在韭菜植株体内的移动速率降低，出现缺镁症。②土壤中磷、钾过多，阻碍了韭菜对镁的吸收。③土壤中铵态氮过剩时能使韭菜缺镁症加重。

【诊断要点】 ①生育初期，若发生缺绿症，缺镁的可能性不大，可能是与保护地因覆盖而受到气体的障碍有关。②缺镁的叶片不卷缩。如果叶片硬化、卷缩应考虑其他原因。③缺镁症状与缺钾症状相似，其区别是：缺镁是从叶内侧失绿，缺钾是从叶缘开始失绿。

【防治措施】 ①土壤缺镁，在栽培前要施用足够镁肥，施用镁肥可与施用石灰结合起来。②避免一次施用过量的、阻碍对镁吸收的钾、氮等肥料。③应急对策是:一旦发现叶片出现缺镁症,可用1%~1.5%硫酸镁或硝酸镁水溶液,喷洒叶面。

196. 如何识别和防治韭菜缺钙症?

【主要症状】 韭菜心叶叶脉间黄化,叶片变小。在叶片出现症状的同时,根部枯死。

【发生原因】 ①氮多、钾多、土壤干燥均会阻碍对钙的吸收。②空气湿度小、蒸发快、补水不足等易产生缺钙。③土壤本身缺钙。

【诊断要点】 ①仔细观察生长点附近的叶片黄化状况,如果叶脉不黄化,呈花叶状则可能是病毒病;②生长点附近萎缩,可能是缺硼。但缺硼突然出现萎缩症状的现象较少见,而且缺硼时叶片扭曲,根据这一点可以区分是缺钙还是缺硼。

【防治对策】 ①土壤钙不足,可施用含钙物料。②避免一次性过量施用钾肥和氮肥。③要适时浇水,保证水分充足。④应急措施是喷施1%过磷酸钙浸出液或0.3%~0.5%氯化钙、硝酸钙溶液,或喷施0.1%螯合钙800~1000倍液,每隔7~10天喷1次,一般喷2~3次,效果较好。

197. 如何识别和防治韭菜缺硼症?

【症　　状】 整株失绿,发病重时叶片上出现明显的黄白两色相间的长条斑,最后叶片扭曲,组织坏死。发病时间常出现在出苗后10天左右。

【发病原因】 在酸性的砂壤土上,一次施用过量的碱性肥料,易发生缺硼症状;土壤干燥影响对硼的吸收,易发生缺硼;土壤有机肥施用量少,在土壤pH高的田块也易发生缺硼;施用过多的钾肥,影响了对硼的吸收,易发生缺硼。

【诊断要点】 ①根据发生症状的叶片的部位来判断，缺硼的症状多发生在心叶。②叶脉间不出现黄化。③生长点附近的叶片萎缩、枯死，其症状与缺钙相类似。但缺钙叶脉间黄化，而缺硼叶脉间不黄化。

【防治对策】 缺硼的土壤可预先增施硼肥；适时浇水，防止土壤干燥；多施腐熟的有机肥，提高土壤肥力；要控制氮肥用量，特别是铵态氮过多。防治缺硼症的应急措施是用0.12%～0.25%的硼砂或硼酸水溶液喷洒叶面。硼砂是热水溶性的，配制时先用热水溶解为宜。

198. 如何识别和防治韭菜缺铁症？

【症　　状】 叶片失绿，呈鲜黄色或浅白色，失绿部分的叶片上无霉状物，叶片外形无变化，一般出苗后10天左右开始出现症状。

【发病原因】 磷肥施用过量，碱性土壤，土壤中铜、锰过量，土壤过干、过湿、温度低，易发生缺铁。

【诊断要点】 ①缺铁的症状是出现黄化，叶缘正常，不停止生长发育。②调查土壤酸碱性，出现上述症状的植株根际土壤呈碱性，有可能是缺铁。③在干燥或多湿等条件下，根的功能下降，吸收铁的能力下降，就会出现缺铁症状。④植株叶片是出现斑点状黄化，还是全叶黄化，如是全叶黄化则为缺铁症；如果是斑点状黄化或叶缘黄化，则可能是由其他生理病害所致。

【防治对策】 改良土壤，增加土壤中有机质的含量，改良土壤结构及理化性质。尽量少用碱性肥料，以防止土壤呈碱性，土壤pH为6～6.5；注意土壤水分管理，防止土壤过干、过湿；注意各营养元素的平衡关系，注意控制氮肥与磷肥的施用量。应急对策是用硫酸亚铁0.1%～0.5%水溶液或柠檬酸铁100毫克/千克水溶液喷洒叶面，每隔7～10天喷1次，共喷3次。

199. 如何识别和防治韭菜缺铜症？

【症　　状】 发病前期生长正常，当韭菜长到最大高度时，顶端叶片1厘米以下部位出现2厘米长的失绿片段，酷似干尖，一般在出苗后的20～25天开始出现症状。

【发病原因】 碱性土壤易缺铜。

【诊断要点】 ①根据发生症状的叶片的部位判断，缺铜的症状多发生在幼叶。②检测土壤pH，出现上述症状的植株根际土壤呈酸性，有可能是缺铜。③检查是否出现心叶萎蔫现象，若心叶萎蔫则缺铜，否则应考虑是其他原因。

【防治对策】 增施有机肥料，改良土质；增施酸性肥料。应急的对策是用0.3%硫酸铜水溶液进行叶面喷雾。

200. 韭菜越冬栽培为什么会出现生长不旺现象？如何防止？

在韭菜越冬栽培中，第一刀韭菜生长缓慢，长势不旺，影响了收割期及产量，这种现象称为生长不旺现象。产生这种现象，除了肥水不足、温度过低、病虫危害等原因外，主要是植株未度过休眠期所致。防止出现生长不旺现象的方法是：

在进行保护地栽培前，应给予低温和充足的低温时间，使其度过休眠期。或采用休眠期短的品种来解决这一问题。

参考文献

[1] 马树彬.韭菜无公害高效栽培技术[M].郑州:河南科学技术出版社,2006.

[2] 刘东,刘绡立,张立,等.韭菜覆盖防虫网栽培技术.农业科技通讯,2006(6):43.

[3] 浦秀萍,周秋琴.蔬菜防虫网覆盖栽培技术.上海蔬菜,2010(2):59-60.

[4] 宋丽.791韭菜秋延后栽培技术.现代园艺,2009(2):46-47.

[5] 姚毛龙,陈世昌.夏季韭菜盖草软化高产栽培技术.安徽农学通报,2007,13(18):285.

[6] 张志轩.越冬韭菜度夏田间管理措施.长江蔬菜,2008(6):10-11.

[7] 贺中娟,罗鹏举.无公害"干"韭黄种植技术.长江蔬菜,2008(3):23-24.

[8] 刘仁凯,刘晓云.韭黄黑色塑料薄膜覆盖栽培技术.农村实用科技信息,2005(9):16.

[9] 何云华,陈遵银.韭黄软化栽培技术.福建农业,2000(1):15.

[10] 李金洲,胡君芳.四季薹韭高产栽培技术.西北园艺(蔬菜专刊),2009(6):22.

[11] 国建强.三色韭菜高效栽培技术.农村实用科技信息,2003(2):16.

[12] 余晓春.四色韭的培育方法.河南农业,2004(9):26.

[13] 万惠恩.巧种五色韭.农家参谋,2001(10):17.

[14] 王延吉. 规模化韭菜生产化学除草新方法. 青海农业科技,2009(1):61-62.

[15] 王明耀,张桂海,王学颖,等. 网棚韭菜病虫防控关键技术. 中国蔬菜,2008(9):48-49.

[16] 邢章军. 小拱棚韭菜主要病虫害发生及防治技术. 西南园艺,2002(2):40-41.

金盾版图书，科学实用，
通俗易懂，物美价廉，欢迎选购

寿光菜农种菜疑难问题解答	19.00
怎样种好菜园(新编北方本·第3版)	21.00
怎样种好菜园(南方本第二次修订版)	13.00
南方菜园月月农事巧安排	10.00
南方秋延后蔬菜生产技术	13.00
蔬菜间作套种新技术(北方本)	17.00
蔬菜间作套种新技术(南方本)	16.00
蔬菜轮作新技术(北方本)	14.00
蔬菜轮作新技术(南方本)	16.00
现代蔬菜育苗	13.00
穴盘育苗	12.00
蔬菜嫁接育苗图解	7.00
蔬菜穴盘育苗	12.00
蔬菜灌溉施肥技术问答	18.00
蔬菜茬口安排技术问答	10.00
南方蔬菜反季节栽培设施与建造	9.00
南方高山蔬菜生产技术	16.00
长江流域冬季蔬菜栽培技术	10.00
蔬菜加工实用技术	10.00
商品蔬菜高效生产巧安排	6.50
蔬菜调控与保鲜实用技术	18.50
菜田农药安全合理使用150题	8.00
菜田化学除草技术问答	11.00
蔬菜施肥技术问答(修订版)	8.00
蔬菜配方施肥120题	8.00
蔬菜科学施肥	9.00
设施蔬菜施肥技术问答	13.00
葱蒜茄果类蔬菜施肥技术	6.00
名优蔬菜反季节栽培(修订版)	25.00
大棚日光温室稀特菜栽培技术(第2版)	12.00
名优蔬菜四季高效栽培技术	11.00
蔬菜无土栽培新技术(修订版)	14.00
无公害蔬菜栽培新技术	11.00
果蔬昆虫授粉增产技术	11.00
保护地蔬菜高效栽培模式	9.00
保护地蔬菜病虫害防治	11.50
蔬菜病虫害防治	15.00
蔬菜虫害生物防治	17.00
无公害蔬菜农药使用指南	19.00
设施蔬菜病虫害防治技术问答	14.00
蔬菜病虫害诊断与防治技	

术口诀	15.00
蔬菜生理病害疑症识别与防治	18.00
环保型商品蔬菜生产技术	16.00
蔬菜生产实用新技术(第 2 版)	29.00
蔬菜嫁接栽培实用技术	12.00
图说蔬菜嫁接育苗技术	14.00
蔬菜栽培实用技术	25.00
蔬菜优质高产栽培技术 120 问	6.00
新编蔬菜优质高产良种	19.00
现代蔬菜灌溉技术	9.00
种菜关键技术 121 题(第 2 版)	17.00
蔬菜地膜覆盖栽培技术(第二次修订版)	6.00
温室种菜难题解答(修订版)	14.00
温室种菜技术正误 100 题	13.00
日光温室蔬菜生理病害防治 200 题	9.50
高效节能日光温室蔬菜规范化栽培技术	12.00
露地蔬菜高效栽培模式	9.00
露地蔬菜施肥技术问答	15.00
露地蔬菜病虫害防治技术问答	14.00
两膜一苫拱棚种菜新技术	9.50
棚室蔬菜病虫害防治(第 2 版)	7.00
南方早春大棚蔬菜高效栽培实用技术	14.00
塑料棚温室种菜新技术(修订版)	29.00
塑料棚温室蔬菜病虫害防治(第 3 版)	13.00
新编蔬菜病虫害防治手册(第二版)	11.00
蔬菜病虫害诊断与防治图解口诀	15.00
嫁接育苗	12.00
新编棚室蔬菜病虫害防治	21.00
稀特菜制种技术	5.50
绿叶菜类蔬菜良种引种指导	13.00
提高绿叶菜商品性栽培技术问答	11.00
四季叶菜生产技术 160 题	8.50
绿叶菜类蔬菜病虫害诊断与防治原色图谱	20.50
绿叶菜病虫害及防治原色图册	16.00
菠菜栽培技术	4.50
芹菜优质高产栽培(第 2 版)	11.00
大白菜高产栽培(修订版)	4.50
白菜甘蓝类蔬菜制种技术	10.00
白菜甘蓝病虫害及防治原色图册	14.00
怎样提高大白菜种植效益	7.00
提高大白菜商品性栽培技术问答	10.00
白菜甘蓝萝卜类蔬菜病虫害诊断与防治原色图谱	23.00
鱼腥草高产栽培与利用	8.00
甘蓝标准化生产技术	9.00
提高甘蓝商品性栽培技术问答	10.00

图说甘蓝高效栽培关键技术　16.00
茼蒿蕹菜无公害高效栽培　8.00
红菜薹优质高产栽培技术　9.00
根菜类蔬菜周年生产技术　12.00
根菜类蔬菜良种引种指导　13.00
萝卜高产栽培(第二次修订版)　5.50
萝卜标准化生产技术　7.00
萝卜胡萝卜无公害高效栽培　7.00
提高萝卜商品性栽培技术问答　10.00
萝卜胡萝卜病虫害及防治原色图册　14.00
提高胡萝卜商品性栽培技术问答　6.00
马铃薯栽培技术(第二版)　9.50
马铃薯高效栽培技术(第2版)　18.00
马铃薯稻田免耕稻草全程覆盖栽培技术　10.00
怎样提高马铃薯种植效益　8.00
提高马铃薯商品性栽培技术问答　11.00
马铃薯脱毒种薯生产与高产栽培　8.00
马铃薯病虫害及防治原色图册　18.00
马铃薯病虫害防治　6.00
马铃薯淀粉生产技术　14.00
马铃薯芋头山药出口标准与生产技术　10.00
瓜类蔬菜良种引种指导　16.00
瓜类蔬菜制种技术　7.50
瓜类豆类蔬菜施肥技术　8.00
瓜类蔬菜保护地嫁接栽培配套技术 120 题　6.50
瓜类蔬菜病虫害诊断与防治原色图谱　45.00
黄瓜高产栽培(第二次修订版)　8.00
黄瓜无公害高效栽培　9.00
黄瓜标准化生产技术　10.00
怎样提高黄瓜种植效益　7.00
提高黄瓜商品性栽培技术问答　11.00
大棚日光温室黄瓜栽培(修订版)　13.00
寿光菜农日光温室黄瓜高效栽培　13.00
棚室黄瓜高效栽培教材　6.00
图说温室黄瓜高效栽培关键技术　9.50
无刺黄瓜优质高产栽培技术　7.50

以上图书由全国各地新华书店经销。凡向本社邮购图书或音像制品，可通过邮局汇款，在汇单“附言”栏填写所购书目，邮购图书均可享受9折优惠。购书30元(按打折后实款计算)以上的免收邮挂费，购书不足30元的按邮局资费标准收取3元挂号费，邮寄费由我社承担。邮购地址：北京市丰台区晓月中路29号，邮政编码：100072，联系人：金友，电话：(010)83210681、83210682、83219215、83219217(传真)。